国家职业教育焊接技术与自动化专业
教学资源库配套教材

# 先进焊接与连接

主　编　杨淼森　岳燕星
副主编　郝　亮　鲁　明　周　军
参　编　崔元彪　李天慧　张　睿　宁亮亮
主　审　刘　洋

机械工业出版社
CHINA MACHINE PRESS

本书是国家职业教育焊接技术与自动化专业教学资源库配套教材，是根据教育部新颁布的《高等职业学校专业教学标准（试行）》，结合《焊工》国家职业资格标准编写的。

本书主要选取了具有实际应用意义的多种先进焊接与连接技术，通过项目的形式介绍各种不同的先进焊接技术，内容包括水下焊接、CMT焊接、电致超塑性焊接、微连接、先进钨极氩弧焊、窄间隙焊接。

本书采用双色印刷，并将相关的微课和模拟动画等以二维码的形式植入书中，以方便读者学习使用。为便于教学，本书配套有电子教案、助教课件、教学动画及教学视频等教学资源，读者可登录焊接资源库网站 http://hjzyk.36ve.com:8103/访问。

本书可作为职业院校焊接技术与自动化专业、机械制造与自动化等相关专业的教材，也可作为成人教育教材，同时可供相关从业人员参考。

## 图书在版编目（CIP）数据

先进焊接与连接/杨淼森，岳燕星主编. —北京：机械工业出版社，2018.5（2024.7重印）

国家职业教育焊接技术与自动化专业教学资源库配套教材

ISBN 978-7-111-59559-5

Ⅰ.①先… Ⅱ.①杨… ②岳… Ⅲ.①焊接-职业教育-教材 Ⅳ.①TG4

中国版本图书馆 CIP 数据核字（2018）第 056305 号

机械工业出版社（北京市百万庄大街22号 邮政编码100037）
策划编辑：王海峰　于奇慧　　　责任编辑：王海峰　于奇慧
责任校对：张　薇　　　　　　　封面设计：鞠　杨
责任印制：单爱军
北京虎彩文化传播有限公司印刷
2024年7月第1版第2次印刷
184mm×260mm・9印张・209千字
标准书号：ISBN 978-7-111-59559-5
定价：30.00元

电话服务　　　　　　　　　　网络服务
客服电话：010-88361066　　　机 工 官 网：www.cmpbook.com
　　　　　010-88379833　　　机 工 官 博：weibo.com/cmp1952
　　　　　010-68326294　　　金 书 网：www.golden-book.com
**封底无防伪标均为盗版**　　　机工教育服务网：www.cmpedu.com

# 国家职业教育焊接技术与自动化专业教学资源库配套教材编审委员会

主　任：王长文　吴访升　杨　跃

副主任：陈炳和　孙百鸣　戴建树　陈保国　曹朝霞

委　员：史维琴　杨淼森　姜泽东　侯　勇　吴叶军　吴静然
　　　　冯菁菁　冒心远　王滨滨　邓洪军　崔元彪　许小平
　　　　易传佩　曹润平　任卫东　张　发

总策划：王海峰

# 总序

跨入 21 世纪，我国的职业教育经历了职教发展史上的黄金时期。经过了"百所示范院校"和"百所骨干院校"建设，涌现出一批优秀教师和优秀的教学成果。而与此同时，以互联网技术为代表的各类信息技术飞速发展，它带动其他技术的发展，改变了世界的形态，甚至人们的生活习惯。网络学习，成了一种新的学习形态。职业教育专业教学资源库的出现，是适应技术与发展需要的结果。通过职业教育专业资源库建设，借助信息技术手段，实现全国甚至是世界范围内的教学资源共享。更重要的是，以资源库建设为抓手，适应时代发展，促进教育教学改革，提高教学效果，实现教师队伍教育教学能力的提升。

2015 年，职业教育国家级焊接技术与自动化专业资源库建设项目通过教育部审批立项。全国的焊接专业从此有了一个统一的教学资源平台。焊接技术与自动化专业资源库由哈尔滨职业技术学院、常州工程职业技术学院和四川工程职业技术学院三所院校牵头建设，在此基础上，项目组联合了 48 所大专院校，其中有国家示范（骨干）高职院校 23 所，绝大多数院校均有主持或参与前期专业资源库建设和国家精品资源课及精品共享课程建设的经验。参与建设的行业、企业在我国相关领域均具有重要影响力。这些院校和企业遍布于我国东北地区、西北地区、华北地区、西南地区、华南地区、华东地区、华中地区和台湾地区的 26 个省、自治区、直辖市。对全国各省、自治区、直辖市的覆盖程度达到 81.2%。三所牵头院校与联盟院校包头职业技术学院、承德石油高等专科学校、渤海船舶职业技术学院作为核心建设单位，共同承担了 12 门焊接专业核心课程的开发与建设工作。

焊接技术与自动化专业资源库建设了"焊条电弧焊""金属材料焊接工艺""熔化极气体保护焊""焊接无损检测""焊接结构生产""特种焊接技术""焊接自动化技术""焊接生产管理""先进焊接与连接""非熔化极气体保护焊""焊接工艺评定""切割技术"共 12 门专业核心课程。课程资源包括课程标准、教学设计、教材、教学课件、教学录像、习题与试题库、任务工单、课程评价方案、技术资料和参考资料、图片、文档、音频、视频、动画、虚拟仿真、企业案例及其他资源等。其中，新型立体化教材是其中重要的建设成果。与传统教材相比，本套教材采用了全新的课程体系，加入了焊接技术最新的发展成果。

焊接行业、企业及学校三方联动，针对"书是书、网是网"，课本与资源库毫无关联的情况，开发互联网+资源库的特色教材，为教材设计相应的动态及虚拟互动资源，弥补纸质教材图文呈现方式的不足，进行互动测验的个性化学习，不仅使学生提高了学习兴趣，而且拓展了学习途径。在专业课程体系及核心课程建设小组指导下，由行业专家、企业技术人员和专业教师共同组建核心课程资源开发团队，融入国际标准、国家标准和焊接行业标准，共同开发课程标准，与机械工业出版社共同统筹规划了特色教材和相关课程资源。本套新型的焊接专业课程教材，充分利用了互联网平台技术，教师使用本套教材，结合焊接技术与自动化网络平台，可以掌握学生的学习进程、效果与反馈，及时调整教学进程，显著提升教学效果。

教学资源库正在改变当前职业教育的教学形式，并且还将继续改变职业教育的未来。随着信息技术和教学手段不断发展完善，教学资源库将会以全新的形态呈现在广大学习者面前，本套教材也会随着资源库的建设发展而不断完善。

教学资源库配套教材编审委员会

2017 年 10 月

# 前言

本书为国家职业教育焊接技术与自动化专业教学资源库配套教材。随着国民经济、现代工业的高速发展，焊接技术作为一种可靠、精确的金属材料连接方法越来越多地应用到各个行业的各个领域当中，而且作为制造业的关键技术，应用也更为广泛，无论是在机械制造、船舶制造领域，还是在航空航天、核工业领域，或者是在石油化工、建筑、交通运输等领域，均需要焊接技术的支撑，焊接技术正发挥着越来越重要的作用。随着科学技术的不断进步与产业升级的要求，传统的焊接技术已不能满足社会发展的需要，所以人们在工业发展的过程中，对原有技术、设备或工艺进行改进与创新，开发了多种先进的焊接与连接技术，从而提高了焊接生产质量，提升了焊接效率，以适应工业高速发展的需求。

高职院校作为焊接实用人才的主要培养基地，无论是从人才培养模式，还是从课程改革方向，或者是课程教材等方面都应根据行业、企业发展要求而进行相应改变或改进。而目前高职院校的教材多数以传统焊接技术为主，针对高新的、先进的焊接技术方面的教材较少，故本编写小组在对先进焊接技术进行充分调研的基础上，联合行业、企业编写了本书。

本书主要选取具有实际应用意义的多种先进焊接与连接技术，通过项目的形式介绍各种先进焊接技术，内容包括水下焊接、CMT 焊接、电致超塑性焊接、微连接、先进钨极氩弧焊、窄间隙焊接。

本书建议学时为 48 学时。本课程建议在"教、学、做一体化"实训基地中或具有良好网络环境的多媒体教室中进行。实训基地中应有教学区、实训区和资料区等，能够满足学生自主学习和完成工作任务的需要；有具有良好网络环境的多媒体教室，便于使用焊接专业资源库中的资源进行教学。本书与焊接技术与自动化专业教学资源库内容有机融合，形成了包含微课、视频、动画、文本、图表、题库等资源，数字化与自主学习相结合的创新教材。本书与焊接专业教学资源库中的各类资源共同构成了服务资源库教学应用的立体化资源。读者可登录焊接资源库网站 http://hjzyk.36ve.com:8103/ 访问。

本书由上海电机学院杨淼森与黑龙江职业学院岳燕星担任主编，哈尔滨华德学院郝亮、黑龙江职业学院鲁明、黑龙江省建筑安装集团有限公司周军担任副主编。具体分工如下：项目一、项目三任务 1 和项目六任务 3 由杨淼森编写，项目二、项目三任务 2 和项目四任务 2 由岳燕星编写，项目四任务 1 由哈尔滨理工大学李天慧编写，项目五任务 1 由哈尔滨职业技术学院崔元彪编写，项目五任务 2 和任务 3 由鲁明编写，项目五任务 4 由哈尔滨技师学院张睿编写，项目五任务 5 由周军编写，项目六任务 1 和任务 2 由郝亮编写，项目六任务 4 由哈尔滨华德学院宁亮亮编写。全书由哈尔滨理工大学刘洋主审。

本书在编写过程中，参考了大量的科研论文，特别感谢广大科研工作者为我国先进焊接技术的发展做出的贡献。编者与有关企业进行合作，得到了企业专家和专业技术人员的大力支持，他们对本书提出了许多宝贵意见和建议，在此一并表示衷心的感谢。

由于编者水平有限，书中难免存在疏漏和不当之处，恳请读者批评指正。

编　者

# 目录

总序

前言

**项目一 水下焊接** 001
- 任务 1　Q235 钢的药芯焊丝水下焊接　002
- 任务 2　304 不锈钢局部干法自动水下焊接　014
- 复习思考题　021

**项目二 CMT 焊接** 022
- 任务 1　CMT 焊接系统的搭建　023
- 任务 2　CMT 焊接技术在汽车副车架中的应用　043
- 复习思考题　047

**项目三 电致超塑性焊接** 048
- 任务 1　电致超塑性焊接设备的设计　049
- 任务 2　电致超塑性焊接工艺的确定　056
- 复习思考题　061

**项目四 微连接** 062
- 任务 1　QFP 器件激光无铅钎焊工艺流程的确定　063
- 任务 2　电路板波峰焊工艺流程的确定　068
- 复习思考题　075

## 项目五　先进钨极氩弧焊　　076

任务 1　A-TIG 焊工艺的应用　　077

任务 2　热丝 TIG 焊技术应用　　087

任务 3　TOPTIG 焊　　092

任务 4　变极性 TIG 焊　　096

任务 5　K-TIG 焊　　102

复习思考题　　106

## 项目六　窄间隙焊接　　107

任务 1　窄间隙焊接技术的选用　　108

任务 2　窄间隙埋弧焊　　110

任务 3　窄间隙 TIG 焊　　121

任务 4　窄间隙 GMAW　　128

复习思考题　　134

**参考文献**　　135

# 项目一
## 水下焊接

### 项目导入

海洋蕴藏着丰富的油气资源，随着我国原油对外依存度的逐年攀升，加快海洋石油开发的需求愈发迫切，大力发展海洋石油勘探开发技术，并不断向海洋的深度和广度进军，对我国经济发展和能源安全具有非常重要的战略意义。随着海洋油气资源大开发时代的到来，大量的海洋工程建设和维护工作需要先进的水下焊接技术作为支撑。水下焊接技术已成为采油平台、输油管道和海底仓库等大型海洋结构物组装、维护及维修的关键所在。

### 学习目标

1. 了解水下焊接技术的发展与研究现状。
2. 理解水下焊接技术的基本原理。
3. 熟悉水下焊接的主要方法和焊接材料并能合理进行选择。
4. 熟悉水下焊接的主要设备。
5. 根据典型钢材的水下焊接试验掌握水下焊接工艺过程。

## 项目实施

### 任务 1　Q235 钢的药芯焊丝水下焊接

**任务解析**

通过完成本任务，使学生能够了解水下焊接技术的发展与研究现状，并能阐述水下焊接技术的应用及其重要性；通过原理分析，能够明晰水下焊接的基本原理和焊接要素，熟悉水下焊接的主要设备及各部分主要功能，掌握水下焊接方法的主要种类，并能够选择合理的水下焊接方法和焊接材料，了解典型钢材的水下焊接工艺试验过程，具备制订水下焊接工艺的能力。

**必备知识**

#### 一、水下焊接的特点

水下环境使得水下焊接过程比陆上焊接过程复杂得多，除焊接技术外，还涉及潜水作业技术等诸多因素。水下焊接具有以下特点。

**1. 可见度差**

水对光的吸收、反射和折射等作用比空气强得多，因此光在水中传播时减弱得很快。另外，焊接时电弧周围产生大量气泡和烟雾，使水下电弧的可见度非常低。在有淤泥的海底和夹带泥沙的海域中进行水下焊接，水中可见度就更差了。长期以来，这种水下焊接基本属于盲焊，严重地影响了潜水焊工操作技术的发挥，这是造成水下焊接容易出现缺陷、焊接接头质量不高的重要原因之一。

**2. 焊缝含氢量高**

氢是焊接的大敌，如果焊缝中氢含量超过允许值，则很容易引起裂纹，甚至导致结构破坏。水下电弧会使其周围的水产生热分解，导致溶解到焊缝中的氢增加，一般焊缝中的扩散氢含量可达 30~40 mL/100g，最高可达 60 ~ 70mL/100g，比陆上焊接高数倍。水下焊条电弧焊的焊接接头质量差与氢含量高是分不开的。

**3. 冷却速度快**

水下焊接时，海水的热传导系数较高，是空气的 20 倍左右。即使是淡水，其热传导系数也为空气的十几倍。若采用湿法或局部干法水下焊接时，被焊工件直接处于水中，水对焊缝的急冷效果明显，容易产生高硬度的淬硬组织。因此，只有采用干法焊接，才能避免冷效应。

**4. 电弧电压高**

随着压力增加（水深每增加 10m，压力增加 0.1MPa），电弧弧柱变细，焊道宽度变窄，焊缝高度增加，同时导电介质密度增加，从而增加了电离难度，电弧电压随之升高，电弧稳定性降低，飞溅和烟尘也增多。

**5. 焊缝不连续**

由于受水下环境的影响与限制,连续作业难以实现,许多情况下不得不采用焊一段停一段的方法进行,因而产生焊缝不连续的现象。

## 二、水下焊接方法分类

目前,世界各国正在应用和研究的水下焊接方法种类繁多,可以说,陆上生产应用的焊接技术,几乎都在水下尝试过,但比较成熟、应用较多的还是几种电弧焊。水下焊接一般依据焊接所处的环境大体上分为三类:湿法水下焊接、干法水下焊接和局部干法水下焊接。但随着水下焊接技术的发展,又出现了一些新的水下焊接方法,如水下螺柱焊接、水下爆炸焊接、水下电子束焊接和水下铝热剂焊接等。

**1. 湿法水下焊接**

湿法水下焊接是潜水焊工在水环境中进行的焊接,如图 1-1 所示。由于水下能见度差,潜水焊工看不清焊接情况,会出现"盲焊"的现象,难以保证水下焊接质量,尤其水密性更难以保证。因此,采用这类方法难以获得质量良好的焊接接头,尤其是焊接结构应用在较为重要的场合时,焊接的质量难以令人满意。但由于湿法水下焊接具有设备简单、成本低廉、操作灵活、适应性较强等优点,所以近年来各

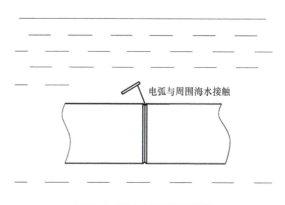

图 1-1 湿法水下焊接示意图

国对这种方法仍在继续进行研究,特别是涂药焊条手工电弧焊,在今后的一段时期还会得到进一步的应用。

湿法水下焊接在美国已得到广泛应用,对湿法水下焊接设计最有指导作用的文件是美国焊接学会的 AWS 标准(AWS D3.6)。现在湿法水下焊接中最常用的方法为焊条电弧焊和药芯焊丝电弧焊。在焊接时,潜水焊工要使用带防水涂料的焊条和为水下焊接专门设计或改制的焊钳。尽管湿法水下焊接已经取得了较大的进展,但到目前为止,水深超过 100m 的湿法水下焊接仍难得到较好的焊接接头,因此还不能用于焊接重要的海洋工程结构。但是,随着湿法水下焊接技术的发展,很多湿法水下焊接的问题在一定程度上得到了解决,如采用设计优良的焊条药皮及防水涂料等,加上严格的焊接工艺管理及认证,1991 年首次在北海对一个非主要结构杆件进行了湿法水下焊接,现在湿法水下焊接已在北海平台辅助构件的水下修理中得到了成功的应用。另外,湿法水下焊接技术也广泛用于海洋条件好的浅水区以及不要求承受高应力构件的焊接。目前,国际上应用湿法水下焊条以及湿法水下焊接技术最广的是墨西哥湾。墨西哥湾核反应堆供水起泡管的修复、Amoco Trinidad 石油公司的石油平台 78m 深的水下焊补都采用了湿法水下焊接技术。该技术的研究对于我国渤海湾和辽东湾今后的海底管道修复以及一些非关键性的构件的修复,具有非常重要的现实意义。

湿法水下焊接的电弧实际上是在电弧气泡中燃烧的。水下焊接时电弧周围能否形成一定大小、稳定的电弧气泡是水下焊接成功的首要条件。电弧气泡中的气体主要由水蒸气高温解离形成的氢和氧、焊条药皮中燃烧分解的 CO 和 $CO_2$ 所组成。普通酸性及碱性焊条用于水下焊接时形成的电弧气泡气体成分见表 1-1。

表 1-1 普通焊条电弧气泡气体构成（体积分数）

| 焊条类型 | $H_2$ | CO | $CO_2$ | 其他 |
| --- | --- | --- | --- | --- |
| J422（E4303） | 45%～50% | 40%～45% | 5%～10% | <5% |
| J507（E5015） | 20%～30% | 50%～55% | 20%～25% | <5% |

随着水下焊接水深的增加，形成电弧气泡的体积因受到压缩而逐渐变小，而过少的电弧气泡导致焊缝金属气孔倾向增加。当电弧气泡变得足够小时，电弧极易熄灭，使焊接过程无法顺利进行。电弧气泡形成后的长大应满足以下物理条件：

$$p_g \geq p_a + p_h + p_s$$

式中，$p_g$ 为气泡内部的压力；$p_a$ 为大气压力；$p_h$ 为气泡周围的静水压力；$p_s$ 为气泡表面张力引起的附加压力。

在陆地焊接时，$p_h$ 近于零；而在水下焊接时，$p_h$ 随水深的增加而增大，$p_a$ 和 $p_s$ 可以看作不受水深的影响。故要使焊接顺利进行，只有增大 $p_g$。增大 $p_g$ 的途径之一是增加电弧温度，可通过调整焊接电流来实现，这是由于较高的电弧温度能解离得到足够的氢和氧；途径之二是提高焊条药皮的造气功能，使焊条药皮燃烧时能生成更多的 $CO_2$、CO 气体。但电弧气泡中氢的比例过大将导致两种与氢有关的缺陷的生成：一是焊缝中气孔的倾向增加，二是焊缝金属及热影响区氢致裂纹敏感性增大。因此，在设计配方时既要保证电弧气泡有足够的压力，又要设法降低电弧气泡中氢的比例。在药皮中加入适量的 $CaF_2$ 和 $SiO_2$ 可以达到这一目的。其主要反应如下：

$$SiO_2 + 2CaF_2 + 3[H] = 2CaO + SiF + 3HF$$

$$或\ SiO_2 + 2CaF_2 = 2CaO + SiF_4 \quad CaF_2 + H_2O(气) = CaO + 2HF$$

化学冶金反应产物 CaO、SiF 或 $SiF_4$ 与其他反应产物 MnO、$SiO_2$ 及起稀渣作用的 $TiO_2$ 等浮出熔池并进入熔渣，HF 气体对焊缝金属无有害作用并同样起增加电弧气泡压力的作用。水下焊接时的氢致裂纹敏感性比陆上焊接时的要大，这是由于水对工件的强烈冷却作用致使低碳钢的焊接热影响区都能发生相变而产生马氏体。当钢中碳当量超过 0.4% 时，热影响区的硬度可超过 400HV，同时焊接过程中如果氢气含量高，一旦焊缝吸氢较多，在焊接热应力和相变应力的作用下容易引发氢致裂纹。可见降低电弧气泡中氢的比例是非常必要的。

**2. 干法水下焊接**

干法水下焊接是用气体将焊接部位周围的水排除，而潜水焊工处于完全干燥或半干燥的条件下进行焊接的方法。进行干法水下焊接时，需要设计和制造复杂的压力舱或工作室。根据压力舱或工作室内压力不同，干法水下焊接又可分为高压干法水下焊接和常压干法水下焊接。

（1）高压干法水下焊接 高压干法水下焊接如图 1-2 所示。随着海底焊接工程的增多、海底工程深度的加大和对焊接质量要求的提高，高压干法水下焊接以其焊接质量高、接头性能好等优点越来越受到重视。

目前国外用于水下维修作业的，多采用高压轨道 TIG 焊系统进行，较为知名的作业系统有 PRS 系统和 OTTO 系统。PRS 系统由挪威的 Statoil 公司组织开发，该系统的设计目标是能从事 1000m 水深的焊接，在 334m 水深成功地进行了管道焊接，焊缝在 −30℃时的冲击吸收能量达到 300J，焊缝的硬度低于 245HV。该系统迄今为止已经

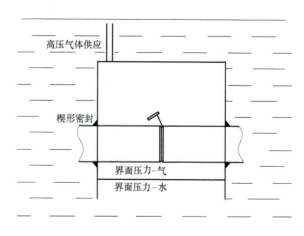

图 1-2　高压干法水下焊接示意图

成功完成 20 多处水下管道维修任务。英国的 OTTO 系统主要由焊接舱和轨道 TIG 焊机组成，试验表明，135m 水深的焊缝在 −10℃时的冲击吸收能量达到 180J，抗拉强度为 550MPa。该套系统曾在海底连续工作过 4 周，累计完成了 18 处焊缝，焊接程序和质量获得了挪威劳氏船级社的认证。我国于 2002 年 10 月将水下干式高压焊接技术规划为国家 863 计划重大专项"渤海大油田勘探开发关键技术"中的一个重要组成部分。该项目由北京石油化工学院负责。北京石油化工学院建立了国内第一个高压焊接实验室，设有高压焊接试验舱，可以进行不同压力等级的焊接试验和研究。随后开始按年度计划进行高压焊接工艺试验和工艺评定。

高压干法焊接由美国于 1954 年首先提出，1966 年开始用于生产，已应用于直径为 508mm、813mm 及 914mm 的海底管线焊接。目前最大实用水深为 300m 左右。在该焊接方法中，气室底部是开口的，通入气压稍大于工作水深压力的气体，把气室内的水从底部开口处排出，焊接在干的气室中进行。一般采用焊条电弧焊或惰性气体保护电弧焊等方法，是当前水下焊接中质量最好的方法之一，基本上可达到陆上焊缝的水平，但也存在如下三个问题：

1）因为气室往往受到工程结构形状、尺寸和位置的限制，局限性较大，适应性较小，目前仅用于海底管线等形状简单、规则结构的焊接。

2）必须配有一套生命维持、湿度调节、监控、照明、安全保障、通信联络等系统，辅助工作时间长，水面支持队伍庞大，施工成本较高。例如，美国 TDS 公司的一套可焊接直径为 813mm 管线的焊接装置（MOD-1）价值高达 200 万美元。

3）同样存在"压力影响"这个问题。在深水下进行焊接（如几十米到几百米）时，随着电弧周围气体压力的增加，焊接电弧的特性、冶金特性及焊接工艺特性都会受到不同程度的影响。因此，要认真研究气体压力对焊接过程的影响，才能获得优质焊缝。

（2）常压干法水下焊接　常压干法水下焊接是在密封的压力舱中进行的，压力舱内的压力与地面的大气压相等，与压力舱外的环境水压无关，如图 1-3 所示。实际上这种焊接方式既不受水深的影响，也不受水的作用，焊接过程和焊接质量与陆上焊接时一样。但常压焊接系统在海洋工程中的应用很少，其主要原因是，焊接舱在结构件或者管道上的密封和焊接舱内的压力很难保证。

与高压干法水下焊接相比，常压干法焊接设备的造价更昂贵，焊接辅助人员也更多，所以一般只用于深水焊接重要结构。此方法的最大优点就是可有效地排除水对焊接过程的影响，其施焊条件完全和陆上焊接一样，因此其焊接质量也最有保证。

常压干法水下焊接的一种特殊情况是在浅海水域使用围堰的方式。波浪、潮汐以及较大的水深变化，使得浅水区域工作环境很不稳定。有些公司通过采用配备梯子的桶性结构将焊接舱连接到水面，形成常压工作环境来解决问题，从而实现常压焊接，如图1-4所示。该施工环境的压差很小，可以找到有效的密封方法。虽然需要考虑通风和安全程序，但该技术在某些特殊应用中已经被证明是实用的，特别适用于滩涂地区的海洋工程结构的维修。

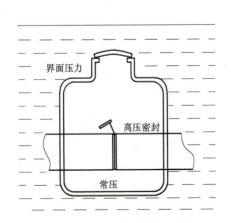

图1-3 常压干法水下焊接示意图　　　　图1-4 围堰焊接示意图

### 3. 局部干法水下焊接

局部干法水下焊接是利用气体使焊接局部区域的水人为地被排开，形成一个局部干的气室进行焊接。焊接时电弧稳定，焊接质量明显提高。目前，近海工程钢结构焊接的方法使用的是局部排水熔化极气体保护电弧焊。

局部干法水下焊接可以获得接近干法的接头质量，同时由于设备简单、成本较低，又具有湿法水下焊接的灵活性，因此是很有前途的水下焊接方法。目前，已开发了多种局部干法水下焊接方法，有的已用于生产。

局部干法水下焊接种类较多，日本较多采用水帘式水下焊接法及钢刷式水下焊接法，美、英两国多采用干点式水下焊接法及气罩式水下焊接法。

（1）水帘式水下焊接法　此法由日本首先提出，焊枪结构为两层，高压水射流从焊枪外层呈圆锥形喷出，形成一个挺度高的水帘，以阻挡外面的水入侵；焊枪内层通入保护气体，把焊枪正下方的水排开，使保护气体能在水帘内形成一个稳定的局部气相空腔，焊接电弧在其中不受水的干扰，并稳定燃烧，如图1-5所示。水帘有三个作用：一是形成一个保护气体与外界水隔离的屏蔽；二是利用高速射流的抽吸作用，把焊接区的水抽出去，形成气相空腔；三是把逸出的大气泡破碎成许多小气泡，使气腔内的气体压力波动较小，从而保持气腔的稳定性。采用这种方法焊接的接头强度不低于母材，焊接接头面弯和背弯都可达到180°。此法焊枪轻便，较灵活，但可见度问题没有解决。保护气体和烟尘将焊接区的水搅得混浊而紊乱，焊工基本处于盲焊状态。另外，喷嘴离焊件表面的距离和倾斜度要求严格，对焊工的操作技术要求较高，再加上钢板对高压水的反射作用，使得采用这种方法在焊接搭接接头和角接接头时效果不好，手工焊接比较困难，应向自动化方向发展。

（2）钢刷式水下焊接法　这是日本发展的一种方法，是为了克服水帘式的缺点而研制的。此法采用直径为0.2mm的不锈钢丝"裙"代替水帘局部排水，不仅可进行自动焊，也可进行手工焊。为减小钢丝

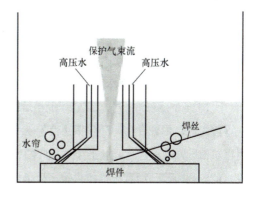

图1-5　水帘式水下焊接示意图

间的间隙，增加空腔的稳定性，在钢丝裙上加一圈铜丝网（100～200目）；为避免飞溅粘到钢丝上，在钢丝裙内侧衬上一圈直径为0.1mm的SiC纤维丝。这种方法曾用于焊修钢桩被海水腐蚀掉的焊缝，水深是1～6m。

（3）气罩式水下焊接法　在焊件上安装一个透明罩，用气体将罩内的水排出，潜水焊工在水中将焊枪从罩的下方伸进罩内的气相区进行焊接，焊工通过罩壁观察焊接情况。这种水下焊接可对不同接头形式的焊缝进行空间位置焊接，多采用熔化极气体保护电弧焊，也可采用钨极氩弧焊及焊条电弧焊。实际应用的最大水深是40m。

这种气罩式局部干法水下焊接属于大型局部干法，焊接质量比小型局部干法高，但灵活性和适应性稍差。另外，若焊接时间过长，罩内烟雾变浓，将影响潜水焊工视线。所以，加强排气，始终保持罩内气体清澈，是该法必须解决的问题。

（4）可移动气室式水下焊接法　此法于1968年由美国首先提出，后由美英跨国公司应用于生产。它采用一个可移动的一端开口的气室，通入的气体既是排水气体又是保护气体。可移动气室压在焊接部位上，用气体将气室内的水排出，气室内呈气相，电弧在其中燃烧。气室直径只有100～130mm，属于干点式水下焊接法。焊接时，将气室开口端与被焊部位接触，在开口端装有半密封垫与焊枪柔性密封，焊枪从侧面伸入气室中，通入的气体将水排出后，便可借助气室中的照明灯看清坡口位置，而后引弧焊接，焊一段移动一段气室，直至焊完整条焊缝。该法可进行全位置焊接。由于气室内的气相区较稳定，电弧较稳定，焊接质量较好，接头强度不低于母材，焊缝无夹渣、气孔、咬肉等缺陷，焊接热影响区的硬度也较低。焊接接头性能满足美国石油学会相关规程的要求，并在最大水深30～40m中得到应用。但这种水下焊接法也存在如下不足之处：

1）不能很好地排除焊接烟雾的影响。

2）气室与潜水面罩之间仍有一层水，在清水中对可见度影响不太大，但在浑水中可见度问题仍未得到解决。

3）焊枪与气室是柔性连接，焊一段停一次弧，移动一次气室，焊缝不连续，焊道接头处易产生缺陷。

综上所述，合理采用局部排水措施可有效解决水下焊接的三个主要技术问题，从而能提高电

弧的稳定性，改善焊缝成形，减少焊接缺陷，在水深不超过 30～40m 的情况下，可以获得性能良好的焊接接头。局部干法水下焊接是很有前途的水下焊接方法，但是目前提出的几种小型局部干法水下焊接方法，除了干点式已初步在实际中得到应用外，其他尚处于试验阶段。

### 4. 水下其他焊接方法

（1）水下螺柱焊　水下螺柱焊最早是英国焊接研究所（TWI）在 20 世纪 80 年代中期开发的，在焊接之前，用聚合物环套住螺柱就可以解决海水的冷却问题。在我国，某船厂对 500t 下水船排滑行轨道压紧螺栓进行调换工作时，首次采用了水下螺柱焊焊接工艺。由于这种方法作业深度较浅，受水的影响较小，而且焊接接头也产生了部分缺陷，焊接参数及防电保护瓷套等对焊接质量的影响也没有完全解决，所以还需很长的时间研究及完善。

（2）水下爆炸焊　水下爆炸焊利用炸药爆炸所产生的冲击力使焊接工件发生碰撞而实现金属材料连接。水下爆炸焊具有准备工作简单，不需要预热、后热等热处理过程，不需要焊机，操作方便，技术要求不高等优点。日本很早就进行了水下导管的爆炸焊接和水下复合板的爆炸焊接工作，并在大阪市港湾局的协助下进行了海水的水下爆炸焊接试验。英国在进行北海油田和气田海底管线铺设时与国际科研及开发公司（International Research & Development Corporation）联合进行了水下爆炸焊接的研究。在 20 世纪 70 年代后期，英国水下管道工程公司（British Underwater Pipeline Engineering Company，BUPE）根据与挪威国家石油公司（Statoil of Norway）的合同，研制了一个完整的管道修补系统，其中采用了爆炸焊技术。

（3）水下激光焊　水下局部干法激光焊是一种新兴研究发展的水下焊接方法，目前还处于试验研究阶段。

### 三、水下焊接技术的研究趋势

1）由于每种焊接方法（湿法、局部干法、干法）都有其各自的优点和适应场合，因此多种水下焊接方法并存的局面会长期存在。

2）湿法水下焊接的质量主要受水下焊条、水下药芯焊丝等因素的影响和制约，英、美等国已发展了多种高质量的水下焊条，我们也应该加快开发研制高质量的水下焊条、水下药芯焊丝。通常湿法焊接的水深不超过 100m，目前的努力方向是实现 200m 水深湿法焊接技术的突破。

3）基于先进技术对焊接过程进行监控的研究已经取得某些进展，主要体现在干法水下和局部干法水下焊接中的自动化和智能化。例如，遥测遥控技术已经在水下焊接中取得了初步应用，通过采用遥控遥测技术，可以实现水下安装检测中的焊接加工，目前已在水下管道安装维护中取得进展。我国华南理工大学的廖天发等人采用 VC++ 编程实现了串口通信（SPC），用于远程控制水下焊接焊前的焊缝对中以及焊接过程中的焊缝跟踪。自动化的轨道焊接系统和水下焊接机器人系统，能对焊接过程自动监控，焊接质量好，节省工时，而且还能减轻潜水焊工的工作强度。但是目前的水下焊接机器人系统还存在许多问题，其灵活性、体积、作业环境、检测和监控技术以及可靠性等还有待于进一步发展和提高，这是目前的努力方向。

4）模拟技术的出现及发展，为焊接生产朝着"理论—数值模拟—生产"模式的发展创造了条件，使焊接技术正在发生着由经验到科学、由定性到定量的飞跃。目前对陆上焊接过程的温度场、流场以及熔池、焊缝应力等的模拟取得了较大进展，对焊接电弧的模拟也有了一定的研究，但对水下焊接的模拟研究还比较滞后。德国的 Hans-Peter Schmidt 等人对电流在 50～100A 范围内，压力为 0.1～10MPa，钨极氩保护情况下的水下高压焊接电弧进行了模拟研究，得出了温度、速度、压力和电流的分布。其中电弧温度的测量结果与理论分布吻合良好。随着海洋石油和天然气工业的发展以及我国海洋工程向深海的挺进，应当重视和加快针对水下焊接的数值模拟研究。目前我们也正在着手进行高压环境下焊接电弧的数值模拟的研究工作。

5）计算机仿真是一项很有用的技术，它在焊接工艺的制订、焊接设备的研制以及控制系统的改进等方面的研究中都有应用。挪威学者 Dag.Espedalen 等人对高压干法水下焊接进行了仿真技术研究，首先利用 SolidEdge 建立焊接舱和焊接机器人的 3D 模型，然后再转化为 I-grip 运动模型，通过编制合适的控制程序，可演示整个海底管道维修操作过程。通过焊接仿真，有助于构思新方案，并能提前发现存在的问题，这也是以后应当研究的一个领域。

### 四、Q235 钢的药芯焊丝水下焊接试验

本试验在水箱中进行，试验水深为 150mm，焊接电源为林肯 CV500-1 直流焊机，采用直流正接。焊接试验为平板堆焊和 V 形坡口对接焊，试板为 Q235 钢，焊丝采用 TWE-711 及 SQJ501 气保护药芯焊丝（$\phi$1.2mm），它们都相当于 AWS A5.20 标准型号 E71T-1。考虑到水下焊接施工时的方便，试验时不外加 $CO_2$ 保护气体，可选择湿法水下和微型排水罩水下两种焊接方法进行试验。焊接参数见表 1-2，在焊接过程中，采用 TSD-340A 记忆示波器记录电弧电压和电流。用甘油法测定焊接接头的扩散氢含量，对焊缝金属进行化学成分分析、金相分析，对焊接接头进行硬度和力学性能测试。

表 1-2 焊接参数

| 焊接方法 | $I$/A | $U$/V | $v$/(mm·s$^{-1}$) | $E$/(kJ·cm$^{-1}$) | 焊丝伸出长度/mm |
|---|---|---|---|---|---|
| 湿法水下焊接 | 180 | 27 | 3.0 | 16.20 | 15 |
| 微型排水罩水下焊接 | 180 | 27 | 6.0 | 8.10 | 30 |

**1. 药芯焊丝微型排水罩水下焊接实施过程**

湿法水下焊接电弧是在电弧气泡中燃烧的，电弧在水下的金属和熔化极之间引燃后，由电弧放射出的炽热气体、过热水蒸气和水分解的氢气、氧气以及其他气体的混合物将其与水隔开。这是水下焊接过程区别陆上焊接过程的主要现象之一。电弧气泡开始只是形成一个小气泡，然后逐渐长大，直至最后破裂，离开电弧区域向水面上浮，这样周而复始。但是在这一过程中，气泡只是部分破裂上浮，留下一个直径约 6～9mm 的核心气泡。湿法焊接时，电弧气泡的周期破裂干扰了电弧气泡的稳定性，严重影响了焊接质量。药芯焊丝微型排水罩水下焊接就是从实用、经济的角度进行开发，完全依靠焊接时自身所产生的气体以及水汽化产生的水蒸气排开水而形成一个稳定的局部无水区域，使得电弧能在其中稳定地燃烧。因此微型排水罩的尺寸和结构决定了焊接过程中无水区（局部排水区）的大小和稳定程度，它的设计是该法焊接成功与否的关键。通过反复试验，最后采用的微型排水罩的结构如图 1-6 所示。微型排水罩底部的密封垫是涂有防火涂料的

高分子材料，可以耐400℃高温。高分子材料的柔韧性较好，可以和工件紧密接触，以取得良好的密封效果，并使密封垫起到气体可以溢出、水不容易进来的"单向阀"作用。密封垫、微型罩和焊接试板共同构成的空间（即图1-6中的$B+C$）形成无水区，其大小直接决定了电弧气泡和电弧的稳定程度，并最终影响焊接接头的冷却速度、微观组织和焊缝性能。无水区越小，焊接时空腔内的由药芯焊丝本身产生的气体气压越高，排水效果越好；当排水罩内腔体

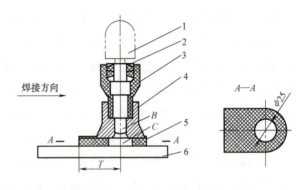

图1-6　微型排水罩结构示意图
1—焊枪　2—绝缘套　3—连接套　4—微型罩
5—密封垫　6—试板

积大到一定程度时，仅靠药芯焊丝产生的气体排不干净罩内的水，罩内水的分解量增加，易导致焊缝产生气孔。兼顾保护效果和操作方便以及对熔池和热影响区的缓冷，本试验最后确定微型排水罩空腔体积为14.76cm³，用于缓冷焊缝的后拖尺寸$T$为25mm。

**2. 电流电压波形检测与分析**

由示波器得到的焊接电流、电压波形如图1-7所示。从图1-7可以看出，两种焊接方法的熔滴过渡形式均为短路过渡。图1-7a所示为湿法水下焊接波形，短路电压在5V左右波动，燃弧电压则为30V左右；电流波形的最大特点是数值有时为0，这意味着出现断弧现象。图1-7b所示为加入微型排水罩时的波形，电流、电压波形呈周期性变化，短路电压保持在10V左右，燃弧电压同样稳定在30V左右，维弧电流保持在120A左右，显示出了微型排水罩水下焊接稳定的短路过渡过程。运用统计分析的方法可以得出电极区压降、短路峰值电流、短路时间、短路过渡频率以及短路时间和熄弧时间等短路过渡特性参数，见表1-3。在湿法水下焊接中，电弧同时受到水和电弧气泡内高氢高氧气氛的压缩和冷却，致使电弧产生收缩作用，从而增大了弧柱电流密度和电弧温度，增加了弧柱区的电场强度。通常人们认为水下焊接的电压增高只与弧柱区的电场强度增加有关。

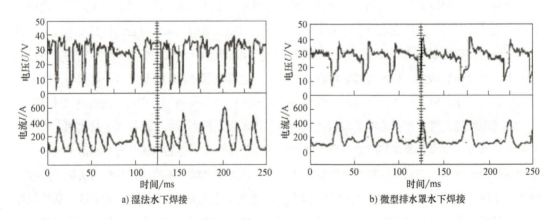

a) 湿法水下焊接　　　　b) 微型排水罩水下焊接

图1-7　不同焊接方法电流、电压波形图

表 1-3  短路过渡过程电弧区域参数表

| 焊接方法 | 电极区压降/V | 短路峰值电流/A | 短路时间/ms | 短路过渡频率/Hz | 短路时间比率（%） | 熄弧时间率（%） |
|---|---|---|---|---|---|---|
| 湿法水下焊接 | 20.4 | 365 | 3.92 | 60 | 21.7 | 32 |
| 微型排水罩水下焊接 | 17.8 | 408 | 5.12 | 30 | 15.4 | 0 |

由表 1-3 看出，湿法水下焊接电极区压降达到 20.4V，远远高于陆上焊接时的数值（12V 左右），由此可见，水下焊接的特殊环境同时改变了电弧电极区域的工作机理。其中阳极区压降变化较小，其压降变化的主要原因是药芯焊丝水下焊接电弧弧柱温度达到 9000K，弧柱和阳极之间的温度差升高，而影响阴极压降的原因就更为复杂，包括氛围气体、弧柱和电极电子发射等，从湿法与微型排水罩法电极区压降的差异来看，氛围气体的变化是最主要的原因。由于湿法水下焊接电弧区域直接和水接触，而排水罩中的电弧相应地处于一个稳定的电弧气泡中，因此湿法水下焊接电弧为收缩电弧，促使熔滴过渡的电磁力更大，使得湿法焊接的短路时间比微型排水罩法的短，其短路频率相应高于微型排水罩法。较高的电流密度还显著地造成了水下焊接平均短路峰值电流的增加，比陆上焊接的峰值电流高出 100A 以上，而且微型排水罩水下焊接平均短路峰值电流比湿法的高，主要原因是其焊接过程稳定，电流波形范围小，短路时间长；同时由于焊接电弧比较少地受到水的冷却，引起电弧温度较湿法高一些，因此短路电流显示出高的特性。而湿法焊接测试范围内的最大短路峰值电流达到 592A，高于平均短路峰值电流将近 1 倍，显示了该方法焊接过程中电弧剧烈的波动性。压缩的电弧和增高的电流密度还将导致以下现象的发生：阴极斑点和阳极斑点受到压缩，电弧温度将会更高，使得更多的电极金属被蒸发和烧损；增加的能量密度将影响焊缝的形状，特别是熔深，对熔池中熔敷金属液体的表面张力和流动性能也会产生影响。大量的气体吸附于熔池金属中，易造成 Si、Mn 等元素的烧损以及含碳量的上升。对比两种焊接方法，工艺性能较不稳定的为湿法水下焊接，主要表现为电弧漂移，飞溅较多且颗粒大，并有成段焊丝爆断现象，在焊缝区域留下大量飞溅和短节焊丝；微型排水罩中的焊缝表面较光滑。计算表明，湿法水下焊接电流变化率达到 91.9kA/s，微型排水罩水下焊接电流变化率则只有 49.8kA/s。但是湿法焊接中成段焊丝的爆断显示出短路电流上升速度过小的现象，这同样证实了该焊接过程的不稳定性。在焊接过程中，还发现在湿法水下焊接焊缝周围存在大量的细颗粒金属粉末，分析认为，这是由于电弧空间温度较高，形成了大量的金属蒸气，蒸气在电弧空间紊流的作用下被卷入电弧区域外围部分，并迅速被水冷却凝固，沉落于焊缝周围。金属蒸气以及大量气泡的出现，导致焊接区域浑浊，对焊工或者监视系统的可视性产生了严重的干扰。水下焊接特别是湿法焊接出现了狭窄而余高高的焊缝，增加了未熔透的可能性，同时在进行多道焊时增加了清理焊缝的工序。湿法焊缝还出现了大量的咬边现象，微型排水罩法则很少出现这种情形。这是因为湿法焊接时保护气穴不稳定，气流和水流对熔池区域产生冲击作用，影响了焊缝成形；而微型排水罩法焊接时形成了稳定的气穴，具有良好的保护作用。

### 3. 焊接接头成分、组织及硬度分析

对两种焊接方法的焊缝熔敷金属进行化学成分分析，为便于比较，列出了陆上焊接接头的化学成分数据，结果见表1-4。由于电弧压缩和氧化性气氛的影响，药芯焊丝在加热阶段就发生了先期脱氧，在熔滴反应阶段发生了强烈的氧化反应，造成了焊丝中Mn、Si等金属元素的严重烧损。药芯焊丝在熔池中的化学冶金反应是十分剧烈的，但由于水下焊接的冷却速度远远高于陆上，熔渣向熔池过渡金属的时间很短，造成合金元素的残留氧化损失变大。所以水下焊接焊缝中Mn和Si的含量比空气中焊接时要低，而C与O的亲和力较前面两种元素要低，因此C的含量增加。同时，由于微型排水罩水下焊接中燃弧时间比率为84.6%，在一个短路周期中，熔滴在电弧气泡中的长大时间为28ms，因此其合金元素的烧损要比湿法水下焊接严重得多，而且Mn具有比Si更低的沸点，饱和蒸气压大，焊接过程中蒸发损失大，由于微型排水罩水下焊接时的熔滴温度和电弧空间温度较湿法水下焊接的大，因此显示Mn的成分比Si的成分减少得更厉害。

焊接接头的金相分析表明，湿法水下焊接的焊缝组织为铁素体、珠光体和贝氏体，热影响组织为先共析铁素体、贝氏体和马氏体，粗晶区晶粒细小。微型排水罩水下焊接的焊缝组织为铁素体和珠光体，热影响区组织为先共析铁素体和贝氏体。对比热影响区组织可以看出，微型排水罩水下焊接的粗晶区组织比湿法水下焊接的要粗大一些，这主要是由于冷却速度的不同而导致的，微型排水罩水下焊接时接头的冷却速度比湿法水下焊接要小得多。

表1-4 焊缝金属化学成分（质量分数，%）

| 焊丝 | 焊接方法 | C | Si | Mn | S | P |
|---|---|---|---|---|---|---|
| TWE-711 | 陆上焊接 | 0.025 | 0.42 | 1.30 | 0.04 | 0.03 |
| | 湿法水下焊接 | 0.04 | 0.25 | 1.05 | 0.012 | 0.013 |
| | 微型排水罩水下焊接 | 0.04 | 0.25 | 0.79 | 0.012 | 0.017 |

硬度测试表明（见表1-5），微型排水罩水下焊接接头的硬度要低于湿法水下焊接接头的硬度，而且其最高硬度出现在熔合线附近，显示出与陆上焊接相似的特性，而湿法水下焊接时的最高硬度出现在焊缝中。该结果证实了微型排水罩对焊缝的保护作用。总体而言，焊接接头的硬度比母材要高，这与水下焊接过程中熔池受到水的急剧冷却有关。

表1-5 焊接接头硬度分布（硬度HV）

| 焊丝 | 焊接方法 | 焊缝区域/mm | | | | | 熔合线/mm | 热影响区/mm | | | | |
|---|---|---|---|---|---|---|---|---|---|---|---|---|
| | | -2.5 | -2.0 | -1.5 | -1.0 | -0.5 | 0 | 0.5 | 1.0 | 1.5 | 2.0 | 2.5 |
| TWE-711 | 湿法水下焊接 | 235 | 247 | 240 | 222 | 221 | 218 | 206 | 178 | 157 | 169 | 135 |
| | 微型排水罩水下焊接 | 207 | 228 | 227 | 238 | 242 | 200 | 183 | 161 | 154 | 144 | 137 |

### 4. 焊接接头力学性能及扩散氢含量

表1-6列出了湿法水下焊接与微型排水罩水下焊接V形坡口对接头的力学性能。可以看出，

采用微型排水罩水下焊接得到的接头性能要明显好于湿法水下焊接的接头性能，特别是其塑性指标。对照美国 API 1104 和 ASME IX 标准，也可看到微型排水罩水下焊接的接头力学性能指标完全达到标准的要求。而熔敷金属扩散氢含量的测试表明，微型排水罩水下焊接的扩散氢含量远远低于湿法水下焊接时的测量值，该值接近于陆上焊接的水平，但由于有水蒸气和潮湿气氛的影响，无法完全避免焊缝金属中氢含量的增加。

表1-6 水下焊接对接接头力学性能及扩散氢含量

| 焊丝 | 焊接方法 | 抗拉强度/MPa | 冷弯角（$d=3a$） | 焊缝冲击吸收能量（-20℃）/J | 熔敷金属扩散氢含量/（mL·g$^{-1}$） |
|---|---|---|---|---|---|
| SQ J501 | 湿法水下焊接 | 440（断于母材） | 80° | 24，22，18 | 0.404 |
| | 微型排水罩水下焊接 | 430（断于母材） | 120° | 46，48，52 | 0.135 |

### 5. 结论

1）在本试验条件下，药芯焊丝湿法水下焊接有断弧现象出现。

2）水下焊接电弧的收缩特性与电弧气泡氛围会影响水下焊接短路过渡过程，使得其平均短路峰值电流增高，电极区压降增大。

3）通过采用自行研制的微型排水罩，使得水下焊接短路过渡过程稳定，焊接工艺性能好，能取得较好的焊缝，显示了较好的应用前景，为今后实现水下焊接的自动化奠定了试验基础。

### 五、拓展应用：水下焊接技术在船舶维修中的应用

#### 1. 应用环境

某船舶在某次航行中受损，其裂纹长度为10cm，宽度为3mm，船体尚未破裂，但该裂纹处有水渗漏，且裂纹有扩大的可能，而且由于裂纹位置的限制，人员无法在船内进行堵漏和焊接修复。下面将针对该情况使用水下焊接方法进行应急抢修。

由于干法水下焊接施工条件不适用于船舶的应急抢修，能应用于应急抢修的只有湿法水下焊接和局部干法水下焊接。根据实际条件，在本方案中采用水下焊条电弧焊方法。

#### 2. 水下焊接方案设计

（1）焊前准备

1）潜水焊工需要熟悉船舶图样，了解水下作业区深度和温度等环境情况。

2）水下施焊前，水下作业人员应当了解焊接区域的结构特点，并且需查明焊接作业区附近是否储存有油料以及其他危险物品。

3）下潜之前，潜水焊工应认真检查试验焊接工具及设备、潜水装具、供气胶管、电缆、通信联络工具等的水密、绝缘和工艺性能。

4）下潜后，潜水焊工应将信号绳、电缆和供气管等及时整理好，确保其处于安全位置，避免发生损坏。

5）水下焊接前，施焊人员应对焊接地点采取安全措施，并且潜水焊工在水下施焊时不得处于悬浮状态。

6）水下作业人员与甲板指挥人员要配备通信装置，并且确保通信畅通。当完成准备工作并取得指挥人员同意后，水下作业人员方可进行水下焊接。

7）只有经过专门培训并持有相应操作许可证的人员才能进行水下焊接与切割作业。

（2）人员配备　实施水下焊接需要配备5名人员，其中至少2人持有潜水证，其中，1人在甲板上负责水下焊接作业现场指挥；1人应持有水下焊接证书，并进行水下施焊；1人在水下负责潜水焊工的安全监护；1人在甲板上负责同水下施焊人员进行通信联系；1人在甲板上配合，做好记录。

（3）水下焊接维修方案的实施

1）检查寻找裂纹。首先初步确定裂纹所在位置，让潜水焊工及设备到达预定位置，记录员开始计时。将施焊作业的潜水焊工从船上放下，潜入到船体水下部分的裂纹处（据初步观测判断确定）。到达指定水深后，甲板指挥人员通过潜水电话与潜水焊工对话，开始检查寻找裂纹。当确认找到裂纹后，在漏点处做好标记，进行水下摄像、照相。裂纹确定后，水下作业人员通过潜水电话通知甲板配合人员，潜水焊工按原路线返回，记录人员计时。

2）确定修补方案。根据裂纹状况，确定焊补150mm×30mm钢板（厚度为4mm）以堵住裂缝。由水下施焊潜水焊工携带材料、工具，按方案程序再次潜入水下并进行水下焊接。

3）焊接作业。首先进行焊接平台及挡流装置的安装，安装完毕后先在裂纹两端钻直径 $\phi6 \sim \phi8mm$ 的止裂孔，保证止裂孔要离裂纹可见端有一定距离，以超出10～20mm为宜。接着使用直接点焊法将补板固定，定位焊缝长度不得小于20mm，以防开裂滑落。再以较大的焊接电流、较大的焊接倾角，用电弧吹力将熔化金属除掉，形成U形坡口，最后用分段反焊法进行补焊。完成水下焊接作业后，机舱停止进水，船上人员通过排水措施排掉机舱内的积水，船舶可以继续航行。

### 任务布置

根据拓展应用案例，选择合适的水下焊接方法与设备，并说明理由。

## 任务2　304不锈钢局部干法自动水下焊接

### 任务解析

局部干法水下焊接以其相对经济、灵活的优势，逐渐成为水下焊接中的主要方法之一。通过完成本任务，使学生能够了解局部干法水下焊接的特点，局部干法自动水下焊接系统的组成，并能够对空气中、5m和15m水深环境下的焊接电参数进行采集和分析，掌握局部干法自动水下焊接时焊接过程中的熔滴过渡形态与焊接环境的关系，能够合理制订局部干法自动水下焊接时的焊接工艺并控制焊接质量。

## 必备知识

### 一、水下焊接材料

由于干法水下焊接和局部干法水下焊接完全或部分地排除了水的影响，焊接条件类似于陆上焊接，所用焊材也与陆地上的相同，所以水下焊接焊材通常指用于湿法水下焊接的焊接材料。如果电弧直接在水中燃烧，环境将对电弧燃烧的稳定性、耗材熔化和熔滴过渡特征、焊缝金属的化学成分、结构及其性能等产生重要影响，因此开发研制专用的水下焊接材料，减轻水环境对焊接质量的影响显得尤为重要。近年来随着专用焊条等焊材的不断改进，湿法水下焊接技术也得到了迅猛的发展，其焊接质量已达到美国焊接学会 AWSD3.6M—1999 的要求。目前人们对水下焊材的研究工作主要集中在焊条和药芯焊丝上。

**1. 焊条**

在焊条方面，苏联早在 20 世纪 30 年代就开始了水下焊接领域的开创性研究。1932 年，K.K.Khrenov 采用外表面涂有防水层的焊条进行手工水下电弧焊接，使水下焊接电弧的稳定性得到了一定程度的改善。目前比较先进的焊条有英国 Hydroweld 公司开发的 Hydroweld FS 水下焊条。还有美国专利的 7018'S 水下焊条，此焊条药皮上有一层铝粉，水下焊接时能产生大量的气体，避免焊缝金属受到侵蚀。德国 Hanover 大学基于渣气联合保护对熔滴过渡的影响和保护机理开发了双层自保护药芯焊条。美国研究的"黑美人（Black Beauty）"水下专用焊条具有焊接时产生的微裂纹少、工艺好且适合全位置焊接等特点。此外，美国的 Stephen Liu 等人在焊条药皮中加入 Mn、Ti、B 和稀土元素，改善了焊接过程中的焊接性能，细化了焊缝微观组织，一定程度上提高了水下焊接的质量。我国在焊条研制方面也有一定的进展，目前的主要产品有 TSH-1、TS202、TS203 及 TS208。其中 TS208 焊条具有优良的防水性能和绝缘性能，焊缝成形优良，电弧稳定，并具有良好的力学性能，抗拉强度大于 530MPa，已用于重要桥梁等海洋设施的水下焊接。表 1-7、表 1-8 列出了 TS208 焊条的熔敷金属力学性能和对接接头性能（试验所用母材为 Q345 钢），并与国外某知名品牌水下焊条进行比较。

表 1-7 TS208 焊条和国外焊条的熔敷金属力学性能比较

| 焊条 | 屈服强度/MPa | 抗拉强度/MPa | 伸长率（%） | 断面收缩率（%） |
|---|---|---|---|---|
| TS208 | 470 | 570 | 17.0 | 30.0 |
| 国外焊条 | 465 | 540 | 17.5 | 32.0 |

表 1-8 TS208 焊条和国外焊条对接接头性能比较

| 焊条 | 板拉伸 | | 冷弯 | |
|---|---|---|---|---|
| | 屈服强度/MPa | 断裂位置 | $d=6a$，弯曲角度20° | 评定 |
| TS208 | 540 | 母材 | 无裂纹 | 合格 |
| 国外焊条 | 545 | 焊缝 | 无裂纹 | 合格 |

## 2. 药芯焊丝

药芯焊丝的出现和发展适应了焊接生产向高效率、低成本、高质量、自动化方向发展的趋势。近年来，美国、英国和乌克兰等国对药芯焊丝水下焊接进行了大量的研究。其中英国 TWI 与乌克兰巴顿焊接研究所成功开发了一套集送丝机构、控制系统为一体的湿法水下药芯焊丝焊接设备，并制订了相应的焊接工艺。该系统的焊接质量明显优于焊条湿法水下焊接，而焊接作业时间还不到焊条手工焊接的一半，施工费用也只有焊条手工焊接的 50%，证明了药芯焊丝在湿法水下焊接中的广阔的应用前景。目前研究较多的是金红石型焊丝，它能提供良好的电弧稳定性和焊缝外观。研究表明，在药芯中加入含锂的化合物，焊接时会发生还原反应，还原出的锂对焊缝有较好的保护作用。此外，在药芯中添加稀土金属可以改善电弧稳定性，当使用添加稀土金属的药芯焊丝进行湿法焊接时，电弧熄灭和短路的时间减少了 75%。表 1-9 给出了几种可在水下焊接中使用的药芯焊丝成分。虽然目前已有使用药芯焊丝进行湿法焊接并获得理想焊接接头的报道，按现在的技术水平，药芯焊丝的湿法电弧焊接可在 30m 水深处进行，但这种焊接方法适用的金属十分有限。随着水深的增加，焊接电弧的性能变化很大，熔化金属与其周围介质的相互作用增强，如何获得优质接头还有待于进一步的研究。

表 1-9 可在水下焊接中使用的药芯焊丝成分

| 类型 | 直径/mm | 化学成分（质量分数，%） | | | | | | 备注 |
|---|---|---|---|---|---|---|---|---|
| | | C | Mn | Si | Cr | Ni | Mo | |
| E70T-1（基本型） | 1.6 | 0.08 | 1.40 | 0.70 | — | — | — | 市售普通焊丝 |
| AWS E308LT1-2 | 1.6 | 0.04 | 1.20 | 1.00 | 19.0 | 10.0 | — | 市售普通焊丝 |
| G745 | 1.6 | 0.05 | 2.50 | 0.50 | 15.0 | 8.5 | 1.5 | 特制试验用焊丝 |
| G810 | 2.4 | 0.05 | 1.20 | 0.60 | 21.7 | 12.0 | 2.3 | 特制试验用焊丝 |

## 二、水下焊接设备

随着水下焊接工程不断向深海迈进，人们对水下焊接设备提出了更高的要求。由于人类潜水的极限深度为 650m，熟练的深水焊工又难以培训，所以为了水下施焊和水下焊接自动化，水下焊接设备正逐步向数字化、智能化、高效化发展。目前，国内在设备上的研究热点主要包括水下焊接焊缝跟踪系统研制、水下焊接机器人和水下干式高压焊接用焊接舱等。

### 1. 水下焊接机器人

水下焊接机器人作为一种专用的水下自动化焊接智能设备，不仅可以代替潜水焊工在危险水域进行焊接，保证人员生命安全，还能提高工作效率和保持焊接过程的稳定性。近年来，随着特定用途机器人的迅猛发展，水下焊接机器人被认为是未来水下焊接自动化的发展方向。目前，对水下焊接机器人的研究主要集中在结构密封、移动方式、远程通信及遥控和力觉、触觉传感系统的设计上。北京石油化工学院蒋力培等人在设计全位置智能焊接机器人时采用四磁轮方式，底板与左右两侧磁轮间通过铰链机构柔性连接,磁轮箱中的磁轮由交流伺服电动机通过减速器驱动,可自动保证四个磁轮同时接触焊接表面,磁吸力达1960N以上,并可实现左右转弯,甚至原地转动。英国Cranfield大学海洋技术研究中心为实现水下无人焊接,用Workspace软件和ASEA IRBL6/2机器人建立了水下焊接遥控仿真系统,并进行了水下环境模拟、远程操作、避障等方面研究。但是由于水下环境的复杂性和不确定性,水下机器人在焊接领域的应用主要还是在焊缝无损检测和裂纹修复方面,目前世界上还没有完全将水下焊接作业交由水下机器人完成的实例。

### 2. 水下焊接舱

对于深水中许多重要结构件的焊接,为了获得质量高、性能好的焊缝,高压干法水下焊接仍是目前最主要的焊接方法。水下干式高压舱系统为水下干式维修作业人员提供了工作的平台,如图1-8所示。其核心是一套TIG焊接机器人,如图1-9所示,主要由焊接行走小车、钨极高度和横向自动调节器、钨极二维精细调准器、焊接摆动控制器、遥控盒、送丝机构、导轨、TIG焊电源及焊炬、水冷系统、气体保护系统、弧长控制器、角度检测器、焊接监视系统和控制箱等部分构成。

图 1-8 水下干式高压舱

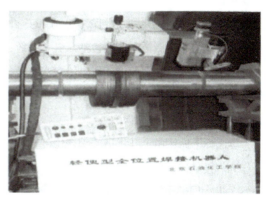

图 1-9 TIG 焊接机器人

目前,国际上比较知名的作业系统有巴西CENPES中心的水下高压模拟试验装置,英国Aberdeen Subsea Offshore Ltd开发的OTTO系统,挪威Statoil公司开发的PRS系统以及英、法合作的Comex公司开发的THOR21系统等。哈尔滨焊接研究所从20世纪80年代开始研究高压干法水下焊接技术,先后研制了HSC-1和HSC-2两套高压干法水下焊接模拟试验装置。其中HSC-2的容积为$0.055m^3$,最大工作压力为3MPa,介质为氩气、氦气或混合气体,可进行TIG焊和MMA焊接试验。近年来,北京石油化工学院海洋工程连接技术研究中心设计建造了压力为1.5MPa,即相当于150m水深的高压焊接试验装置,研制了钨极氩弧自动焊机,并获得了0.1~0.7 MPa范围内的16Mn管道全位置自动焊接工艺。2006年11月16日,该装置已在中国渤海湾天津新港锚地附近12m水深海域进行了试验,获得了外观良好的焊缝。

## 三、304不锈钢局部干法自动水下焊接试验过程

### 1. 焊接试验准备

焊接试验在一个水下焊接试验系统中进行,该试验系统由水下焊接试验舱、焊接电源 、液压

驱动自动焊接平台、排水罩、试验环境系统、水下摄像系统6个部分组成，能够实现水下微型排水罩式脉冲MIG全自动焊接（图1-10）。

水下焊接试验舱为立式快开结构压力容器，最大作业水深为15m，设计最高工作压力为0.3MPa。试验采用芬兰Kemppi焊接电源，根据实际工作需要，将电焊机与送丝机分离，焊接电源放在试验舱外部，送丝机置于舱内。液压驱动自动焊接平台包括升降液压缸和焊接平台两个部分，升降液压缸将焊接平台抬升到适合高度后，焊接平台可以在液压缸的

图1-10　局部干法自动水下焊接试验装置

驱动下通过手控盒控制完成行走、摆动、跟踪和小幅度高度调节。排水罩是局部干法水下焊接的重要设备，是焊接能否成功的关键所在。试验环境系统包括舱内注水、排水，舱内加压、卸压，以及排水罩和焊枪的供气，所有这些系统的控制均由PLC通过控制水路、气路的阀门以及水泵的启停来实现。水下摄像系统共包括三套子系统：舱内水上场景摄像系统、焊接摄像系统、舱内水下场景摄像系统，分别用于实现对舱内水上部分、排水罩内部以及舱内水下部分进行实时监控。结合德国汉诺威大学开发的焊接质量分析仪AH XIX，可以对水下焊接过程中的熔滴过渡现象进行初步的定量分析和评定。

奥氏体不锈钢由于其优良的综合性能，在核电结构中得到了广泛应用。试验以304不锈钢钢板作为焊接母材，采用坡口堆焊的焊接方式，选用$\phi1.2mm$的ER308焊丝，纯Ar气作为焊接保护气，进行局部干法自动水下焊接试验。

在焊接准备工作完成以后，根据焊接坡口宽度及不同水深条件选择相应的焊接方式和焊接参数进行焊接，同时可根据工况要求实时调节焊接速度、摆动幅度及其左右停留时间。坡口的形状及尺寸如图1-11所示。

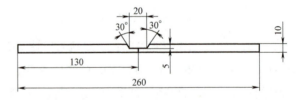

图1-11　试板的坡口形状及尺寸

### 2. 试验参数

每种焊接材料均对应一个喷射过渡的临界电流值，一般情况下，这个临界值较大，在200A以上，但如果选用脉冲焊接方式，当脉冲电流大于临界电流值时，电弧也可以呈喷射过渡状态，实现无飞溅焊接。实际焊接时，分空气中焊接、5m水深焊接和15m水深焊接三种情况进行，为了分析水下环境及水深对焊接过程的影响，三种焊接情况的焊接参数基本相同，只是因为水下焊接时排水气体同时作为焊接保护气，所以水下焊接时Ar气流量较空气中焊接时明显增大，且随着水深的增加，排水所需气体压力加大，Ar气流量也相应增加。焊接试验参数见表1-10，试验表格中所记录的数值均为焊机面板及焊接平台手控盒上的设定值。在实际水下焊接中，由于排水罩和试件

之间的摩擦，实际的摆动幅度要小于手控盒设定的摆幅值。因此，焊接程序中设定的摆幅值略大于试板的坡口宽度。另外，由于坡口较浅（5mm），且水下焊接比在空气中焊接的实际移动速度慢，所以空气中焊接时需要两层焊缝，而 5m 和 15m 水深焊接时均是一层焊缝。因为空气中焊接时，两层焊缝的焊接参数完全相同，所以，表 1-10 只列出了一层焊缝焊接的试验参数。

表 1-10　局部干法自动水下焊接试验参数

| 焊接环境 | 送丝速度$v_1$/(cm·min$^{-1}$) | 弧长 $l$/mm | 车速$v_2$/(cm·min$^{-1}$) | 摆速$v_3$/(cm·min$^{-1}$) | 摆幅 $f$/mm | 气体流量$q$/(L·min$^{-1}$) | 电流 $I$/A | 电压 $U$/V |
|---|---|---|---|---|---|---|---|---|
| 空气中 | 7.0 | 4 | 39 | 128 | 29 | 18 | 142 | 24.8 |
| 5m水深 | 7.0 | 4 | 39 | 128 | 29 | 60 | 136.8 | 27.9 |
| 15m水深 | 7.0 | 4 | 39 | 128 | 29 | 120 | 134.8 | 28.2 |

**3. 焊缝检验**

焊后的焊缝形貌分别如图 1-12，图 1-13 和图 1-14 所示，图中焊缝的长度均为 300mm。依据美国标准 ASME BVPC（2001 版）和 AWS D3.6M：1999 水下焊接标准，采用 HD 渗透材料对三种环境下的焊接试板进行液体渗透检验，三块试板均未发现超标缺陷。使用 USN 60 超声仪进行超声检测，其中在空气中和 15m 水深时的试板没有发现记录性缺陷，5m 水深试板在图 1-13 中的标识部位出现了界面未结合缺陷。

水下自动焊接时，排水罩密封垫所用的阻燃海绵在强烈弧光及熔融熔池的"炙烤"下会逐渐烧焦，随着海绵的逐步烧损，密封垫与焊接试板之间的密封效果逐渐恶化直至不能有效密封，此时必须暂停焊接，待更换新的阻燃海绵后焊接才能继续进行，此时可能会造成两次焊接的焊缝接头处不能良好的结合。由超声检测结果同时对比焊缝形貌可知，5m 水深试板的未结合缺陷就是由于两次焊接的焊缝接头未良好搭接而形成的，属人为操作不当造成的缺陷，在以后的焊接过程中完全可以避免。

图 1-12　空气中焊接焊缝形貌

图 1-13　5m 水深时的焊缝形貌

图 1-14　15m 水深时的焊缝形貌

**4. 焊接过程分析研究**

电弧焊接过程是一个随机过程，在任何一个瞬间，电弧电压、焊接电流都在发生变化。汉诺威焊接质量分析仪（AH 弧焊分析仪）是一个快速的数据获取与处理系统。使用该测试仪对焊接时的电弧电压、焊接电流瞬时值以 200kHz 的频率实时采样，并经过其内部的测试分析软件对这些瞬时值进行统计分析，自动生成电弧电压、焊接电流概率密度分布图。目前，AH 弧焊分析仪在焊条及焊丝的工艺性分析和评价、焊接材料产品质量的稳定性评价研究中得到了较好应用。

图 1-15 是用 AH 弧焊分析仪测得的三种焊接情况下电弧电压概率密度分布叠加图，横坐标为电弧电压，纵坐标是以对数形式表示的焊接过程中电弧电压的概率。图 1-16 是三种焊接情况下焊接电流概率密度分布叠加图，横坐标为焊接电流，纵坐标是以对数形式表示的焊接电流的概率。图 1-15 和图 1-16 中，曲线 1、曲线 2 和曲线 3 分别对应于 15m 水深，5m 水深和空气中的焊接参数曲线。图 1-15 中的曲线 1 既不是爆炸过渡时所对应的双驼峰状曲线，也不完全符合渣壁过渡时的曲线特征。曲线左边既存在爆炸过渡时的低电压区域，也存在着渣壁过渡时低落的波动曲线。对应于图 1-16 中曲线 1 的焊接电流概率密度分布曲线，该曲线既存在爆炸过渡时电弧重燃初期

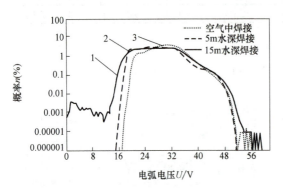
图 1-15　电弧电压概率密度分布叠加图

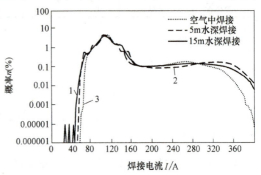
图 1-16　焊接电流概率密度分布叠加图

的小电流，又不像单纯爆炸过渡时焊接电流曲线那样分散，因此可以判定，15m 水深环境下的熔滴过渡形式是爆炸过渡和渣壁过渡共同组成的一种混合过渡形式。

5m 水深对应的曲线 2 和空气中对应的曲线 3，它们的电压概率密度分布曲线不存在小驼峰，曲线左边也没有渣壁过渡时所对应的低落的波动曲线，电压概率密度分布曲线覆盖的电压范围较 15m 水深时明显变窄，因此，5m 水深和空气中的熔滴过渡形态均为喷射过渡。同时，在电压概率密度分布图中，曲线 3 覆盖的范围比曲线 2 有所减小，可以判定，空气中的喷射过渡形态比 5m 水深时更为理想。

## 任务布置

查找"正交试验方法"的相关资料，设计 304 不锈钢水下焊接试验的正交试验方案。

## 项目总结

通过学习本项目，了解了当前水下焊接技术的应用及主要焊接方法，如舱式干法、局部干法和湿法等水下焊接方法的国内外应用情况；分析了湿法水下焊接方法的焊接原理以及水下焊条和药芯焊丝的要求，通过对 Q235 钢和 304 不锈钢的局部干法自动水下焊接试验，对局部干法水下焊接在不同水深的熔滴过渡形态进行了初步分析（随着焊接水深的增加，电弧电压逐渐增加，焊

接电流逐渐减小，熔滴过渡形态逐渐恶化）。

### 复习思考题

1. 目前主要的水下焊接方法有哪些？
2. 湿法水下焊接方法的基本原理是什么？
3. 水下焊接的主要问题有哪些？
4. 局部干法自动水下焊接时，焊接过程中的熔滴过渡形态与焊接环境的关系是什么？

# 项目二
# CMT 焊接

## 项目导入

随着全球资源与环境保护问题的日趋严峻,开发和研究新型绿色环保焊接方法已经非常迫切。福尼斯公司的 CMT 焊接技术,以焊接时无飞溅、低热量输出、更快的焊接速度、优异的搭桥能力,焊接技术方面开辟了全新的领域。本项目介绍了 CMT 焊接技术的发展,阐述了 CMT 焊接技术的工作原理,论证了 CMT 焊接技术相对于 MIG/MAG 焊接技术的优势及特点,详细地讲解了 CMT 焊接设备和焊接工艺。同时介绍了 1mm 厚镀锌板的 CMT 钎焊、1mm 厚镀锌钢板与铝合金板的焊接工艺、质量评定方法及典型 CMT 焊接技术的应用。

## 学习目标

1. 了解 CMT(冷金属过渡)焊接技术的诞生与研究现状。
2. 理解 CMT 焊接的基本原理。
3. 熟悉和使用 CMT 焊接设备。
4. 根据典型构件的焊接生产掌握 CMT 焊接工艺过程。
5. 通过 CMT 焊接接头的金相检验和拉伸试验,会分析接头的组织和性能。
6. 掌握 CMT 焊接的技术特点和其在企业中的实际应用。

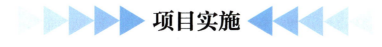

# 项目实施

## 任务 1　CMT 焊接系统的搭建

### 任务解析

通过完成本任务,使学生能够了解 CMT(冷金属过渡)焊接技术的诞生与研究现状,明晰 CMT 焊接技术的原理,熟悉 CMT 焊接设备的组成;通过典型构件的焊接生产案例掌握 CMT 焊接工艺过程,能够独立制订金属构件的 CMT 焊接工艺;能对焊缝成形进行评定,能利用金相检验和拉伸试验对接头的组织和性能进行分析,掌握 CMT 焊接焊缝的质量评定方法。

### 必备知识

#### 一、CMT 焊接技术概述

CMT 焊接技术是在短路过渡基础上发展而来的,CMT 焊接工艺的创新点就是将短路过渡与焊丝运动相结合:熔滴发生短路时,关断电流,使熔滴在 0 电流下短路并借助焊丝的机械运动实现过渡,即"冷过渡"。

CMT 焊接技术的发展过程经历了几个阶段:20 世纪 90 年代初,奥地利福尼斯公司为研究钢、铝的异种焊接而开始相关研究;到 20 世纪 90 年代末,开发了无飞溅引弧技术(SFI),此技术为 CMT 的研究奠定了基础;到 1999 年,CMT 焊接技术得以问世;到 2010 年,Fronius 公司对 CMT 焊接系统进行开发,发展到了 CMT Advanced 和 CMT AdvanceD+P 焊接技术。CMT 焊接技术创新地将熔滴过渡过程与送丝运动相结合,该创新大大降低了焊接过程的热输入量,真正实现了无飞溅焊接。此焊接工艺不仅提高了焊后工件的表面质量,还减小了金属的损失,降低了焊接过程中的烟尘、有害气体,对环境的污染进一步减小,是一种绿色环保的焊接技术。目前 CMT 焊接的研究主要涉及薄板焊接、异种焊接、钎焊等,利用的均是其热输入低的特点。CMT 焊可以焊接低至 0.3mm 的超薄板,并且无须担心烧穿和塌陷。CMT 焊接工艺已投入应用的有 3mm 及以下的铝合金焊接、镁铝异种焊接、铝钢异种焊接、钛铜异种焊接等。CMT 焊接技术问世后,专家学者不断地进行研究,目前关于 CMT 焊接技术复合热源也出现了。国外学者利用 CMT-GMAW 焊接镍基超耐热不锈钢,河北科技大学也正在研究利用 CMT 与高频复合焊接铝锂合金。它通过将送丝运动和熔滴过渡过程进行数字化的协调,进而使焊接的热传输量降低,最终实现在 0.3mm 以上的薄板上无飞溅的效果,进而实现高质量的 MIG 熔焊。

#### 二、CMT 焊的基本原理

CMT 焊接技术(即冷金属过渡技术)是一种基于先进数字电源和送丝机的"冷态"焊接技术。通过监控电弧状态,协同控制焊接电流波形及焊丝抽送,在很低的热输入下实现稳定的短路过渡,可完全避免飞溅。电弧燃烧时，焊接回路中通以正常的焊接电流，焊丝送进。随着熔滴的长大和焊丝送进，熔滴与熔池短路，焊接回路中的电流被切换为接近零的小电流，焊丝回抽，将断路小桥拉断，熔滴过渡到熔池中。短路完成后，立即在焊接回路中通以较大的电流，将电弧引燃，焊丝送进；熔滴长大到足够的尺寸后，将焊接电流降低为一个较小的值。整个焊接过程就是高频率的"热—冷—热"转换的过程，大幅降低了热输入量。

实际操作时，焊接开始，焊枪伺服电动机驱动，焊丝与板材间的电弧引燃，焊丝熔化，熔滴滴进熔池；当数字化的控制系统监测到一个短路信号时，就会反馈给送丝机，送丝机做出回应，迅速回抽焊丝，从而使得焊丝与熔滴分离；焊丝恢复到进给状态，电弧再次引燃，循环往复，直到焊接结束，频率由送丝速度决定。

传统的熔滴过渡方式有短路过渡、大颗粒过渡、脉冲过渡等。这些过渡方式都是通过熔滴表面张力、电磁收缩力、熔滴重力综合起作用，属"自然"过渡，容易受外界条件的干扰。而 CMT 是一种全新的熔滴过渡方式，根据现有的熔滴过渡模式定义，是无法给 CMT 工艺分类的，其工作区间如图 2-1 所示。

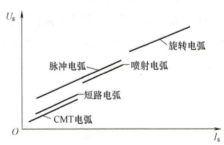

图 2-1 熔滴过渡形式

### 1. 短路过渡

从图 2-2 中①处可以看出，短路过渡是在电弧功率较小的区域，该模式的特性就是使用相对较低的电流和电压。引弧之后，焊丝向工件方向移动，最后焊丝前端的熔滴和熔池接触，形成短路；熔滴与熔池间短路后，在表面张力及电磁收缩力的作用下形成缩径小桥，缩径小桥在不断增大的短路电流作用下汽化爆断，将熔滴推向熔池，完成过渡。这个脱落过程主要受表面张力的影响，具体如图 2-2 所示。

实践证明，使用 Ar/$CO_2$ 混合气比使用纯 $CO_2$ 气体更易得到一个相对稳定的熔滴过渡速度和相对较高的短路过渡频率，焊接过程更稳定。由于焊接过程中采用相对较低的工作电压，热输入量也较低（同脉冲焊相比），因此利于薄板的焊接；另外，

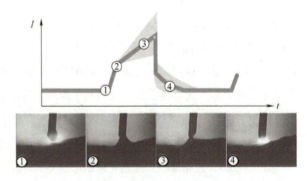

图 2-2 短路过渡过程的高速摄影

产生飞溅的热量也相对较低，飞溅不易黏在工件表面上，清除更容易。

随着逆变电源技术的发展，短路过渡也可以适当加以控制，比如调整图 2-2 中②~③部分的上升时间和峰值，可减少焊接飞溅。但无论如何，短路过渡用于焊接更薄的板是困难的，因为一旦熔滴与熔池发生短路，电流便立刻增大。

### 2. 大颗粒过渡

当焊接电流和电压参数增大到一定程度时，熔滴过渡方式会发生改变，存在一个短路过渡和喷射过渡之间的过渡区域。在这个区域，熔滴过渡频率降低，熔滴过渡不可控，部分熔滴颗粒较大，

直接依靠重力使熔滴从焊丝端部脱落，如图 2-3 所示。

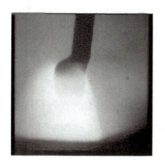

图 2-3　大颗粒过渡过程的高速摄影

尽管这种焊接方式的热输入量大，可以焊接厚板，但这种过渡方式无法像短路过渡或喷射过渡一样均匀一致；另外，熔滴体积较大，熔滴所含热量过大，导致熔池容易快速过热，且伴随产生大量的飞溅。在 Ar/$CO_2$ 混合气或纯 $CO_2$ 气体保护下，都会出现这种过渡，焊接过程极其不稳定并产生大量飞溅，因而在气保焊生产中要尽量避免。

### 3. 脉冲过渡

为了避免在焊接过程中出现大颗粒过渡，可以使用脉冲过渡方式。从图 2-4 可以看出，脉冲过渡模式不存在大颗粒过渡区间。脉冲过渡方式是非接触式过渡，电弧稳定、飞溅小、焊接效果好，但由于脉冲需调节的参数较多，因而需要智能化逆变电源的支持，需要根据被焊母材和填充材料来调节特殊的脉冲波形输出。尽管如此，在特殊情况下，脉冲过渡也是会产生缺陷的，如未熔合或咬边现象，如图 2-5 和图 2-6 所示。

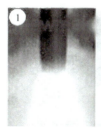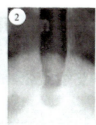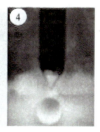

图 2-4　脉冲熔滴过渡的高速摄影

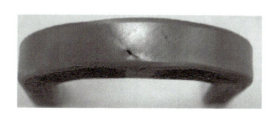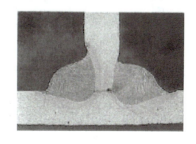

图 2-5　脉冲焊未熔合缺陷　　　　　图 2-6　脉冲焊咬边缺陷（T 形接头显微图）
（侧弯试验 ASTMA 106 Grade B）

MIG/MAG焊的熔滴过渡是传统的短路过渡，其短路过程是：引燃电弧，加热焊丝—焊丝熔化，形成熔滴—熔滴长大，同熔池短路—短路桥爆炸，熔滴脱落。在熔滴形成、脱落过程中，都伴有大的短路电流输入，容易形成飞溅。而CMT过渡方式正好相反，在熔滴短路时，数字化电源输出电流几乎为零，同时焊丝的回抽运动帮助熔滴脱落，从根本上消除了产生飞溅的因素。

### 4. CMT 过渡

CMT过渡首次将送丝运动和熔滴过渡进行协同控制。焊接时，焊丝向工件方向送进，当焊机监测到焊丝与工件发生短路时，电流立即几乎为零，同时焊丝立刻回抽，焊丝离开熔池，完成熔滴过渡，如图2-7所示。这种过渡方式除电源具有先进的控制技术外，还需要采用相应的硬件（如AC伺服的焊枪）。

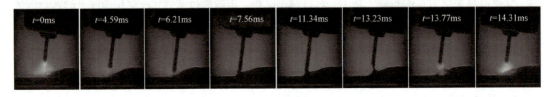

图2-7　CMT过渡的高速摄影

CMT是基于短路过渡方式发展而成的，其物理原理与短路过渡是相同的，但传统的短路过渡是一种"自由"的过渡方式，其状态较容易受到外部干扰；而CMT过渡是通过焊丝机械回抽方式来帮助熔滴脱落，工艺过程可以被精确控制，因而其短路过渡周期恒定，不再受随机变量的影响，一个熔滴过渡大概需要14.31ms，过渡频率大概为70Hz。单个CMT熔滴过渡过程中的电流、电压和送丝方向如图2-8所示。

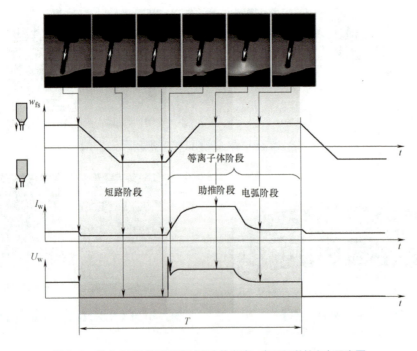

图2-8　单个CMT熔滴过渡过程中的电流、电压和送丝方向示意图

另外，CMT 熔滴短路时，短路电流几乎为零，降低了热输入量，避免了由于短路电流增加使熔滴过渡不稳、熔池过热和飞溅。采用这种可精确控制的工艺，不仅可以取得良好的焊接质量，而且工艺稳定性好，重复精度高，对周边环境不太敏感。

### 三、CMT 焊接技术的实现

#### 1. 送丝系统

CMT 焊接技术首次将送丝运动同熔滴过渡过程相结合。整个焊接系统由数字化系统和总线进行控制，焊丝的运动与焊接过程形成闭环，焊丝的送进/回抽动作影响焊接过程，也就是熔滴的过渡过程是由送丝运动变化来控制的。整个焊接系统（包括焊丝的运动）的运行均为闭环控制，如图 2-9 所示。而普通的 MIG/MAG 焊，其送丝系统是独立的，并没有实现闭环控制。

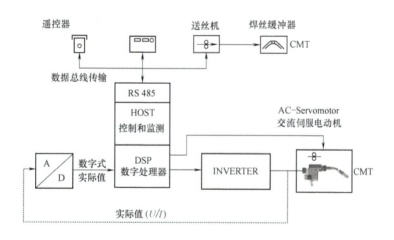

图 2-9　CMT 控制电路

#### 2. 熔滴过渡时的电压和电流

CMT 焊接系统采用数字化控制，对熔滴过渡进程进行监控。在熔滴形成、长大时，电源输入必要的电流；而在熔滴脱落、过渡至熔池的过程中，电流输入减小，几乎为零，大幅度降低了热输入量；之后焊丝呈短路状态，输入电流，熔滴再度形成。如此反复，形成连续焊接过程。由此可见，整个熔滴过渡过程是一个"热—冷—热"的交替过程。相对于传统的短路过渡，焊接热输入可减少 50% 以上。同时，不存在短路桥的爆炸，焊接飞溅也不会产生。图 2-10 是 CMT 焊接短路过渡过程中电压和电流的变化。

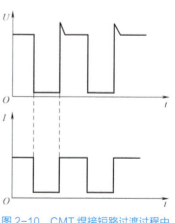

图 2-10　CMT 焊接短路过渡过程中电压和电流的变化

#### 3. 焊丝的回抽运动帮助熔滴脱落

传统的短路过渡是通过持续输入的电流造成短路桥爆炸，使焊丝端头的熔滴脱落，进入熔池。CMT 焊接短路过渡后期几乎没有焊接电流，也就没有热输入，熔滴温度会迅速降低，想要促使熔滴脱落，就需要借助焊丝的运动来实现。CMT 是通过焊丝的机械式回抽"甩掉"熔滴，如图 2-11 所示。CMT 的送丝系统不仅仅具有送丝的作用，还具备将焊丝回抽的功能。通过数字化控制系统监控焊丝回抽的时间点、回抽速度、幅度等，既能保证顺利地帮助熔滴脱落，又能为下一个电弧的形成做好准备。焊丝脱落的过程比较平和，同时避免了飞溅的产生。

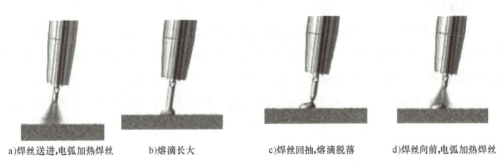

a) 焊丝送进，电弧加热焊丝　　b) 熔滴长大　　c) 焊丝回抽，熔滴脱落　　d) 焊丝向前，电弧加热焊丝

图 2-11　CMT 短路过渡过程

### 四、CMT 焊接的技术特点

1）同 MIG/MAG 焊相比，CMT 焊几乎在无电流状态下实现熔滴过渡，焊接热输入极低，不用背衬就可焊接薄板和超薄板（可达 0.3mm），焊接变形小，如图 2-12 所示。

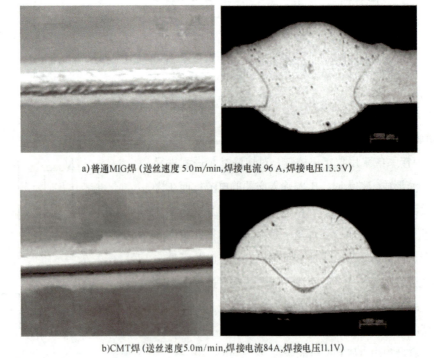

a) 普通 MIG 焊（送丝速度 5.0m/min，焊接电流 96 A，焊接电压 13.3V）

b) CMT 焊（送丝速度 5.0m/min，焊接电流 84A，焊接电压 11.1V）

图 2-12　普通 MIG 焊与 CMT 焊焊缝成形比较

2）CMT 焊时弧长控制精确，电弧更稳定。普通 MIG/MAG 焊时，弧长是通过电压反馈方

式控制的，容易受到焊接速度变化和工件表面平整度的影响。而 CMT 焊时，电弧长度的控制是机械式的，它采用闭环控制并监测焊丝回抽长度，即电弧长度在焊丝伸出长度或焊接速度改变的情况下也能保持一致，其结果就保证了 CMT 电弧的稳定性，即使在焊接速度极快的条件下，也不会出现断弧的情况，电弧长度不受工件表面质量和焊接速度的影响。

3）CMT 焊的焊缝成形均匀一致，焊缝熔深一致，焊缝质量重复精度高。普通 MIG/MAG 焊在焊接过程中，焊丝伸出长度改变时，焊接电流会增加或减少。而对于 CMT 焊，焊丝伸出长度改变时，仅仅改变送丝速度，不会导致焊接电流的变化，从而可得到一致的熔深，加上弧长高度的稳定性，因而能得到均匀一致的焊缝外观成形。

4）CMT 焊能够真正做到无飞溅。在短路状态下焊丝的回抽运动帮助焊丝与熔滴分离，通过对短路的控制，保证短路电流很小，从而使得熔滴过渡无飞溅，同时，焊后清理工作量小。通过 CMT 技术可以轻松地实现无飞溅焊接、钎焊接缝、碳钢与铝的焊接、0.3mm 超薄板的焊接，以及背面无气体保护的对接构件的焊接。

5）CMT 焊具有良好的搭桥能力，装配间隙要求低。1mm 薄板的搭接接头间隙允许达到 1.5mm。

6）CMT 焊具有更快的焊接速度。CMT 过渡使电弧不停地燃烧、熄灭，每秒 70 多次的高频率，而电弧每重新引燃一次就修正一次电弧，保持电弧的稳定性，在焊丝伸出长度或焊接速度改变的情况下，电弧长度也能保持一致。这样就保证了 CMT 电弧的稳定性，即使在焊接速度极快的前提下，也不会出现断弧的情况。1mm 厚的铝板对接，焊接速度可达 250cm/min；CMT 钎焊电镀锌板，焊接速度可达 150cm/min。

7）低烟尘，有害气体少。由于 CMT 技术输入热量少，因此，在焊接过程中既能减少锰、铬氧化物的产生，也减少了臭氧、氮氧化物等有毒气体的产生。

### 五、CMT 和脉冲混合过渡技术

CMT 技术提供了一个最低热输入的平台，Fronius 公司在此基础上将 CMT 和脉冲过渡进行混合，实现了交替过渡的焊接模式。如一个 CMT 熔滴过渡后，过渡方式转为一个或几个常规脉冲过渡。通过这种方式使得 MIG/MAG 焊的热输入量可以进行自由调整，以达到理想的焊缝背面成形，或者提高薄板的焊接速度。这种"PulsMIX"混合过渡方式同样可以保持高度的电弧稳定性和低飞溅。

目前，已经应用该技术焊接了 0.5～3mm 厚的 CrNi 钢板和铝合金板，接头形式为对接、搭接、角接及折边对接。与其他 MIG 焊方法相比，混合过渡的优点在于电弧稳定，热输入可控。可以在 CMT 和脉冲焊接参数范围内进行设定。混合过渡随着脉冲数量的增加，熔深也相应增加。

图 2-13 所示为采用混合过渡方式焊接的水泵的凸缘焊缝成形示意图，焊件材质为不锈钢，厚度为 1.43mm，焊接速度为 60cm/min。

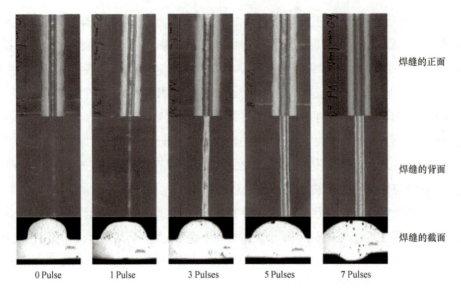

图 2-13 采用混合过渡方式焊接的水泵的凸缘焊缝成形示意图

## 六、CMT 设备

### （一）冷金属过渡焊设备组成

CMT 焊通常采用自动操作方式或机器人操作方式，也可采用手工操作方式。采用机器人操作方式的 CMT 焊接系统由数字化焊接电源、专用 CMT 送丝机、带拉丝机构的 CMT 焊枪、机器人、机器人控制器、机器人接口、冷却水箱、遥控器、专用连接电缆及焊丝缓冲器等组成。CMT 焊接系统如图 2-14 所示。

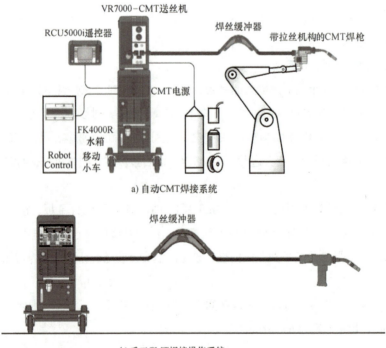

图 2-14 CMT 焊接系统

CMT 焊接系统同全数字化 MIG/MAG 焊机一样，是采用数字 DSP 技术，内部集成焊接专家系统，复合多种焊接工艺，包括 MIG 焊接、脉冲 MIG 焊接、CMT 焊接及 CMT 与脉冲 MIG 复合焊接。以奥地利 Fronius 公司生产的 TPS5000 型焊接系统为例介绍 CMT 焊接设备系统组成及各组成部分功能，如图 2-15 所示。

图 2-15　CMT 自动焊接平台及设备

### （二）CMT 自动焊接平台的各部分介绍

#### 1. CMT 焊接系统——CMT 焊接电源

焊机内部控制系统采用的是数字信号处理器，统一控制焊机和调节整个焊接过程。实时监测实际参数值，对任何变化都能即时反馈。CMT 焊机及其操作面板如图 2-16 所示。

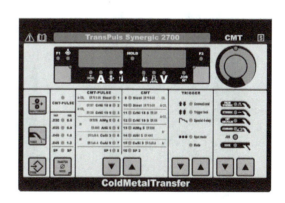

图 2-16　CMT 焊机及其操作面板

1）焊机包括 CMT 工艺所需的硬件和软件。

2）全数字化微电脑处理器控制和全数字化 GMAW 逆变电源，如 TPS3200/4000/5000CMT、TPS3200/4000/5000CMT MV。

3）三种焊接方法模式：直流焊、脉冲焊和 CMT 焊。

4）TPS3200/TPS4000/TPS5000 电源既可用于自动 CMT，也可用于手工 CMT，但 TPS2700

仅适合手工 CMT 焊接。CMT 焊接模式可以通过面板进行选择。

**2. CMT 焊接系统——CMT 状态指示面板（图 2-17）**

1）"错误"指示灯：发生错误时指示灯亮。所有处于连接网络中的设备，只要具有数字显示屏幕，即可显示出错误信息。

2）"机器人接口"指示灯：焊机开机时，机器人接口或数据端口与网络连接时，指示灯亮。

3）"焊机电源"指示灯：焊机接好电源并将电源开关拨至"I"位置时，指示灯亮。

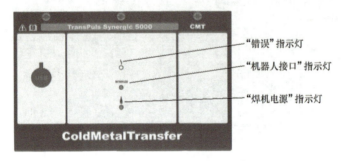

图 2-17　TPS 4000 焊机状态指示面板

**3. CMT 送丝机**

目前广泛使用 VR7000-CMT 送丝机，它是数字化控制的送丝机，适用于所有普通的送丝管，如图 2-18 所示。

图 2-18　VR7000-CMT 送丝机

1—连接缓冲器　2—LHSB 高速通信电缆　3—电动机线（小送丝机）
4—压缩空气接口　5—冷却循环水接口
6—焊枪电缆（内部包括焊接电缆、送丝管、进回冷却水管、保护气体管道）

送丝机保养：

1）每周检查导轮运行情况，清洁焊丝屑，压力调整为 2.5～3MPa。

2）每月检查水、气、电气连接各接头工作情况。

3）各级电缆不许出现拉扯和打折现象。

4）CMT Robacta 焊枪为全数字化控制的机器人用焊枪，无传动装置，安装有高效的双向动力学传动马达，适用于精确的送丝和恒定的接触压力。

**4. 手工 CMT 焊接系统——手工 CMT 焊枪（图 2-19）**

CMT 焊枪长度一般有 4m、6m、8m，包括缓冲器。CMT 焊枪是通过 LHSB 进行信号传输的。

焊枪保养：

1）拉丝导轮加紧压力为 1.5MPa（图 2-20）。

2）导轮每周检查磨损情况，用压缩空气清洁焊丝屑，每月检查紧固情况。

3）导管接头每周检查、清洁、紧固。

4）固定座精度要求极高，拆卸不允许有任何损伤（有专业工具）。

5）电动机电流如果持续高于 2A，可基本断定电动机损坏。

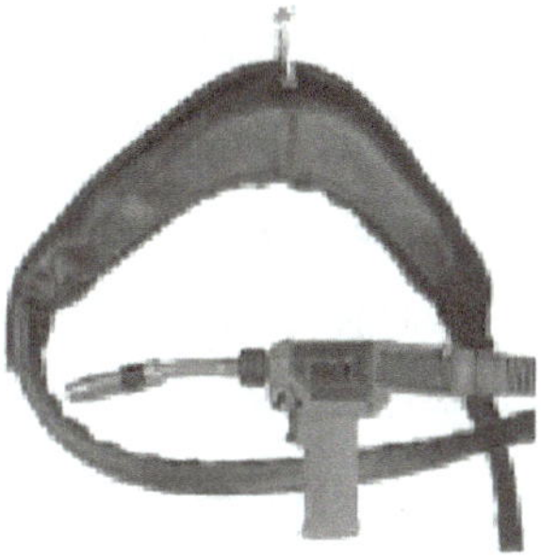

**5. 焊丝缓冲器**

焊丝缓冲器削弱了两个送丝系统对焊丝的冲击力，为焊丝在两个送丝系统之间提供一个缓冲的空间，如图 2-21 所示。

图 2-19 PULLMIG CMT 焊枪

图 2-20 安装在焊枪上的新型拉丝系统

图 2-21 Wire buffer 焊丝缓冲器

（1）Wire buffer 焊丝缓冲器

1）包括焊丝缓冲器、2 条外部送丝管和连接送丝机的传感线，可提供长度：4.25m、6.25m。

2）外部送丝管的长度：即焊丝缓冲器到拉丝机构的长度，约 1.2m。

3）功能：减弱送丝机和拉丝机构的振动，保证焊枪送丝和更换送丝管便捷、简单，适用所有焊丝。缓冲器固定在机器人手臂上或用平衡吊固定。

（2）缓冲装置保养

1）每周检查导丝管接头磨损情况，清理焊丝屑。

2）每周检查缓冲器内波动管磨损情况。

3）每月检查缓冲器内波动杆工作情况。

对于 CMT 铝焊接，每次换焊丝时，必须强制更换枪颈处的送丝管和导电嘴。

与传统的 MIG/MAG 焊接设备相比，CMT 焊接设备最主要的差异在送丝机构上。CMT 焊接焊丝端头以 70Hz 的频率高速进行往复运动，依靠传统的送丝机构难以完成这样的任务，必须采用数字控制的送丝机构。CMT 的送丝机构一般采用两套数字化送丝机和一套送丝缓冲器。其中，后送丝机只是负责将焊丝向前送进，同时根据瞬时工作状态调整送丝速度；前送丝机是使焊丝高频来回运动的关键，传统的齿轮传动由于运动惯性达不到这样的要求，因此采用无齿轮设计，依靠新型拉杆系统来保证连续的接触压力。

另外一个关键环节就是送丝缓冲器，它减弱了前后送丝机构之间的矛盾，保证了送丝过程的平稳。

### 6. 冷却水箱

FK4000R 冷却系统坚固可靠，能确保对机器人焊枪的最佳冷却效果，为焊接系统提供冷却循环水，可选择运行模式：自动、开、关，如图 2-22 所示。

图 2-22　FK4000R 冷却水箱

### 七、CMT 焊的焊接工艺

#### 1. 接头形式

接头类型包括搭接、对接、法兰接、角接，如图 2-23 所示。

#### 2. 焊接位置

CMT 焊适用的焊接位置包括 PA、PB、PC、PG 等各种焊接位置，如图 2-24 所示。与 MIG/MAG 焊的焊接位置选择一致。

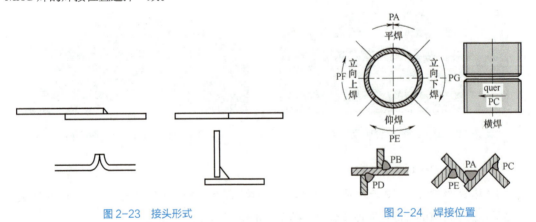

图 2-23　接头形式　　　　　　　　　图 2-24　焊接位置

#### 3. 焊接参数

焊接参数主要包括焊接电压、焊接电流、焊接速度和送丝速度。典型工件 CMT 焊接参数见表 2-1。CMT 圆管堆焊试验如图 2-25 所示，CMT 平板拼焊试验如图 2-26 所示。

表 2-1 典型工件 CMT 焊接参数

| 工件及焊接类型 | 焊接电压/V | 焊接电流/A | 焊接速度/(mm/s) | 送丝速度/(m/min) |
| --- | --- | --- | --- | --- |
| 平板角焊（脉冲） | 23.8 | 205 | 9.1 | 8.6 |
| 平板拼焊（脉冲） | 23.2 | 201 | 8.5 | 8.3 |
| 平板堆焊（CMT） | 21 | 234 | 6.0 | 10.0 |
| φ159mm（壁厚20mm）圆管堆焊（CMT） | 15.4 | 209 | 5.0 | 10.0 |
| φ233mm（壁厚20mm）圆管堆焊（CMT） | 15.3 | 207 | 6.0 | 10.0 |

图 2-25 CMT 圆管堆焊试验　　　　图 2-26 CMT 平板拼焊试验

**4. CMT 焊接适用的材料**

1）适用于铝、钢、不锈钢薄板或者超薄板（厚度为 0.3～3mm）的焊接，无须担心塌陷和烧穿。

2）可以用于电镀锌板、热镀锌板的无飞溅 CMT 钎焊。

3）适用于镀锌钢板和铝板的异种金属的焊接，接头合格率可达到 100%。

### 八、CMT 焊接接头组织性能研究

焊缝金相检验主要用于分析焊接接头的宏观组织和微观组织。由于焊接过程中热源作用强烈，焊接热循环及焊接冶金作用具有其特殊性，因此熔池金属的结晶及焊接接头的金相组织对焊接接头的质量有很大影响。焊缝金相检验是确定焊接接头的基本指标之一，通过焊缝金相检验可以了解到金属的焊接性，确定焊接工艺规范的合理性，以及推断焊接结构长期高温运行的可靠性。

CMT 焊缝宏观形貌如图 2-27～图 2-31 所示。其中，图 2-27 所示为在圆管表面进行堆焊的焊缝宏观照片，图 2-28 所示为在平板钢板上面的单道焊焊缝宏观照片，图 2-29 所示为拼焊焊缝宏观照片，图 2-30 所示为在平板钢板上的堆焊焊缝宏观照片，图 2-31 所示为角焊焊缝宏观照片。

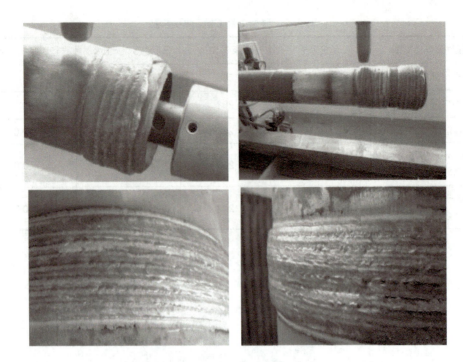

图 2-27 圆管表面堆焊焊缝

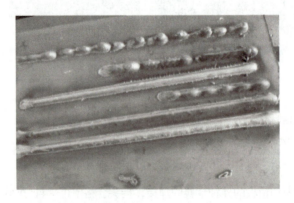

图 2-28 平板单道焊焊缝

图 2-29 拼焊焊缝

图 2-30 平板堆焊焊缝

图 2-31 角焊焊缝

对焊接接头进行组织性能分析时，首先使用水砂纸（100#，400#，600#，800#，1000#）对焊缝上截取的试样进行逐级磨光，然后机械抛光，再配制质量分数为 4% 的硝酸酒精溶液腐蚀。采用金相显微镜分别对不同焊接材料和不同焊接方法的焊缝、热影响区和母材的组织形态进行观察。

图 2-32 为在焊接接头截取的焊缝试样。其中，图 2-32a 为角焊焊缝试样，图 2-32b 为拼焊焊缝试样，图 2-32c 为 $\phi$159mm 圆管堆焊焊缝试样，图 2-32d 为 $\phi$233mm 圆管堆焊焊缝试样，图 2-32e 为平板堆焊焊缝试样。

图 2-33 为角焊焊缝在 50 倍显微镜下的组织。从图中可以看出焊缝区与热影响区、热影响区与母材之间明显的界限，其中黑色为珠光体，白色为铁素体。由于焊缝区温度最高，因此珠光体含量最高，热影响区次之，母材珠光体含量最低。

图 2-34 为拼焊焊缝在 50 倍显微镜下的组织。拼焊前预先留一定角度的坡口，故需要焊平行的几道焊缝。从图中可以看出类似河流状花样的组织分布，同时亦可以看出焊缝区与热影响区、

热影响区与母材之间明显的界限,黑色为珠光体,白色为铁素体。

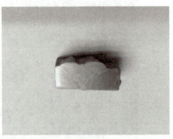

a) 角焊焊缝试样　　　　　　　　b) 拼焊焊缝试样

c) $\phi$159mm圆管堆焊焊缝试样　　d) $\phi$233mm圆管堆焊焊缝试样　　e) 平板堆焊焊缝试样

图 2-32　焊缝试样

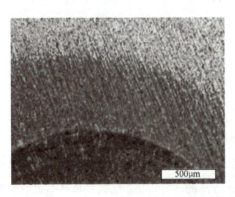

图 2-33　角焊焊缝在 50 倍显微镜下的组织

图 2-35 所示为 $\phi$159mm 圆管堆焊焊缝在 100 倍和 200 倍显微镜下的组织,图 2-36 所示为 $\phi$233mm 圆管堆焊焊缝在 100 倍显微镜下的组织。从这两个图中可以看出焊缝区与热影响区、热影响区与母材之间明显的界限,黑色为珠光体,白色为铁素体。

图 2-37 为平板堆焊焊缝在 200 倍显微镜下的组织。从图中可以看出焊缝组织主要为白色铁素体和黑色珠光体。

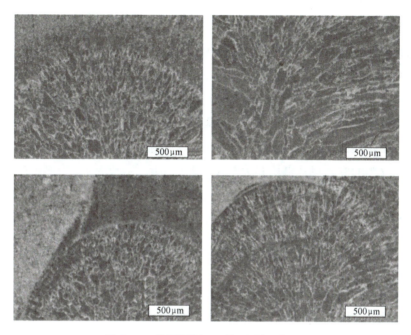

图 2-34 拼焊焊缝在 50 倍显微镜下的组织

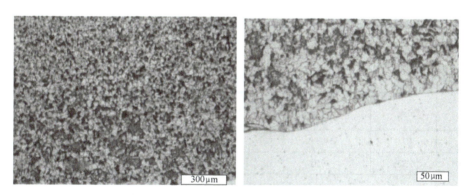

图 2-35 $\phi$159mm 圆管堆焊焊缝在 100 倍和 200 倍显微镜下的组织

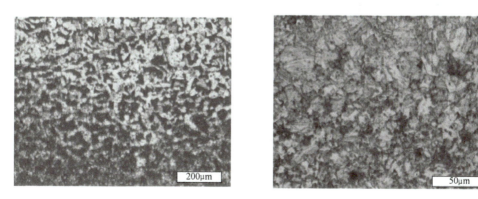

图 2-36 $\phi$233mm 圆管堆焊焊缝在 100 倍显微镜下的组织　　图 2-37 平板堆焊焊缝在 200 倍显微镜下的组织

### 九、典型 CMT 焊接工艺及焊缝质量评定示例

#### 1. 1mm 厚镀锌板的 CMT 钎焊

镀锌板的焊接难点是：焊接裂纹及气孔的敏感性大、锌的强烈蒸发、易产生氧化物夹渣，以及镀锌层的熔化及破坏。其中焊接裂纹、气孔和夹渣是最主要的问题。利用 CMT 进行钎焊可很好地避免这些问题。对于 1mm 厚镀锌板，可利用直径为 1mm 的 $CuSi_3$ 焊丝进行 CMT 钎焊，利用氩气作保护气体，焊接参数如下：焊接速度 $v$ 为 220cm/min；焊接电流 $I$ 为 113A；电弧电压 $U$ 为 8.8V；送丝速度为 6m/min。

图 2-38 示出了焊件局部，可看出焊缝成形美观，几乎无焊接变形。力学性能试验表明，焊接接头的屈服强度可达 335MPa。

图 2-38  CMT 钎焊焊缝

#### 2. 1mm 厚镀锌钢板与铝合金板的 CMT 熔钎焊

利用 CMT 焊可方便地实现镀锌钢板和铝合金板的焊接，这是一种熔钎焊工艺。铝合金板一侧是熔化焊，镀锌钢板一侧是钎焊。

（1）材料　材料为变形铝合金 6061 和冷轧热镀锌钢板 HDG60，其物理性能见表 2-2。镀锌钢板和变形铝合金板的尺寸为 200mm×100mm×1mm，选用直径为 1.2mm 的 SAl 4043(AlSi5) 焊丝，氩气作为保护气体进行焊接。

表 2-2　铝合金板与镀锌钢板的物理性能

| 材料 | 熔点/℃ | 热导率$\lambda$/[W/(m·K)] | 密度$\rho$/(g/cm$^3$) | 线膨胀系数$\alpha$/(10$^{-6}$/K) | 电阻率$\rho'$/(10$^{-6}$Ω·cm) |
|---|---|---|---|---|---|
| 6061 | 610 | 146.5 | 2.7 | 23.6 | 4.0 |
| HDG60 | 1535 | 77.5 | 7.86 | 11.76 | 1.5 |

（2）焊接设备　对铝合金板和镀锌钢板搭接焊采用的试验设备为 Fronius 公司生产的 TPS3200 系列数字 CMT 焊机。

（3）焊前准备与焊接参数　焊前，采用砂纸和钢丝刷将铝合金板表面的氧化膜去除，再用丙酮去除铝合金板和镀锌钢板上面的水渍和油污，最后对清洗过的铝合金板进行碱洗和酸洗。将表面处理干净的试件组对成搭接接头（铝合金板在上，镀锌钢板在下）。

图 2-39　焊接形式示意图

焊枪施焊方式为"前推"（前进方向与倾角方向相反）方式，夹角为 135°。焊接形式如图 2-39 所示。

焊接参数如下：焊接速度 $v$ 为 5.14mm/s；焊接电流 $I$ 为 55A；电弧电压 $U$ 为 9.5V；送丝速度

为3.5m/min，氩气流量为20L/min。

（4）焊缝质量评定

1）焊缝成形与接头形貌。图2-40所示为1mm铝合金板和镀锌钢板的焊缝局部和焊缝横截面的宏观及金相图，可以看出：焊缝成形美观，焊接接头表面形成连续均匀、无飞溅、窄而低的鱼鳞纹焊缝。此外，从焊接接头的背面可以看到镀锌钢板颜色略有变化，这表明镀锌层烧损较少，有利于保持镀锌钢板的抗腐蚀能力。而且，焊件整体变形小，焊缝与铝合金板和镀锌钢板均有良好的冶金结合。

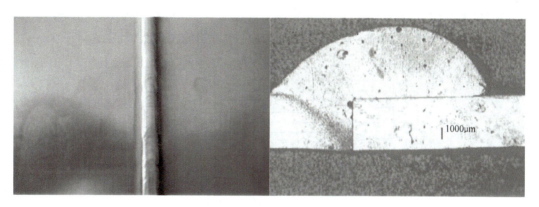

图2-40　1mm铝合金板和镀锌钢板的焊接接头接焊缝横截面的宏观及金相图

2）焊接接头的缺陷及形成原因。铝合金板和镀锌钢板异种金属CMT熔钎焊焊接接头的缺陷主要为气孔和缩孔，并且缺陷主要集中于焊缝熔化区上部，如图2-41所示。气孔大多数集中在熔化区的上部及其边角区域，气孔的直径一般约为50μm。气孔形成的原因可能有两个：一是铝合金母材和焊丝表面的氧化膜焊前清理不彻底，容易导致焊件表面吸附水分、油脂等污染物，焊接过程中污染物受热分解产生气体（氢气、氧气等），且在焊缝冷却过程中没有及时逸出而形成了气孔；二是由于锌的熔、沸点较低，高温电弧使得中心部分的锌挥发，而CMT焊接过程中热输入量较低，焊缝的形成时间短，不足以使全部的锌蒸气从焊缝中逸出而形成了气孔。

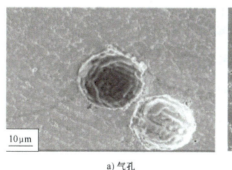 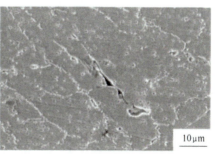

a) 气孔　　　　　　　　　　　　　b) 缩孔

图2-41　铝合金板和镀锌钢板异种金属CMT熔钎焊焊接接头组织中的缺陷

在焊接过程中，靠近熔化区一侧的近热影响区中的低熔强化相受热熔化，液态的低熔强化相在晶界处聚集，随后冷却析出。而在冷却的过程中，若液态的强化相在晶界处填充不充足，则在焊后热影响区很容易形成"缩孔"。

在铝合金板和镀锌钢板CMT焊接接头中虽然存在气孔、缩孔等焊接缺陷，但由于这些焊接缺陷主要存在于熔化区的上部，所以对焊接接头的性能影响较小。

3）焊接接头力学性能试验。拉伸试验是一种最简单的力学性能试验，在测试的范围（标距）内，受力均匀，应力应变及其性能指标测量稳定、可靠，理论计算方便。通过拉伸试验可以测定材料弹性变形、塑性变形和断裂过程中最基本的力学性能指标（如强度极限、屈服极限、伸长率、断面收缩率等），并且可以发现断口上的某些缺陷。

母材拉伸试件的尺寸如图2-42所示，焊后拉伸试件的尺寸如图2-43所示。拉伸时的加载速率为10mm/min，试验用的拉伸设备为SANS CMT5305电子万能试验机，如图2-44所示。

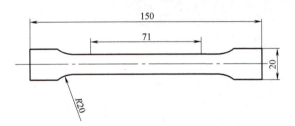

图 2-42　母材拉伸试件尺寸

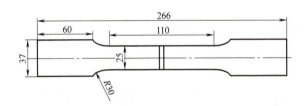

图 2-43　焊后拉伸试件尺寸

图 2-44　SANS CMT5305 电子万能试验机

由接头拉伸性能试验可知：焊缝的拉伸试样断在热影响区，断后试样的宏观形貌如图2-45所示。焊接接头的最大承载力为5.13kN，抗拉强度可达204MPa，其力—延伸曲线如图2-46所示。

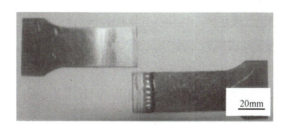

图 2-45　断后试样的宏观形貌

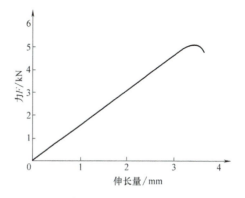

图 2-46　铝合金板和镀锌钢板焊接接头的力—延伸曲线

### 任务布置

画出 CMT 自动焊接系统组成图，并描述系统各部分的功能。

## 任务 2　CMT 焊接技术在汽车副车架中的应用

### 任务解析

通过完成本任务，使学生能够了解 CMT 焊接技术的应用情况。CMT 焊接技术目前主要应用于微电子器件、机车制造、航天航空等多个领域，几乎可以应用于所有已知的材料，诸如铝合金、镀锌板、钢与镍基合金异种材料等多种材料，尤其适用于薄板（厚度为 0.3 ~ 3.0mm）焊接。本任务通过学习汽车底盘部件（副车架）薄板的 CMT 焊接，使学生熟悉 CMT 焊接技术的工艺、应用及其优势。

### 必备知识

为了满足汽车行业"节能环保、安全性、轻量化"的发展趋势，镀锌钢板、高强度钢、铝合金、镁合金等新材料越来越广泛地应用在汽车车身制造中。焊接技术是汽车制造业中必不可少的一种连接工艺，是车身制造中极为关键的一项工艺，车身焊接质量直接决定着车身的强度及稳定性。目前，汽车制造过程中，以工频电阻焊为主，辅以 MAG 或 $CO_2$ 气体保护焊的传统车身焊接技术，已难以满足新材料的焊接技术需求。为此，各种先进焊接技术越来越多地应用在汽车制造中。由于焊接时输入热量高，薄板容易变形、焊穿等原因，电弧焊在车身焊接中的应用比较少，只有点焊工艺无法实施的部位才会考虑使用。通常应用的电弧焊方式是熔化极气体保护焊：$CO_2$ 气体保护焊、MAG 焊、MIG 焊。这三种焊接方式所使用的焊接设备相同，焊丝和保护气体有所区别。由于焊缝不美观，涉及车身外观的部位几乎不会考虑熔化极气体保护焊。而 CMT 焊接技术由于其特殊的数字化控制反馈系统，焊接过程具有热输入量低、变形小、飞溅小、电弧稳定等优点，可完美地适应车身材料焊接要求。

## 任务实施

汽车底盘部件（副车架）的产量大，要求自动化批量生产，并且在组装成整个部件前是不能进行脱脂处理的，因而工件表面附着的油脂在焊前是无法清理的，这就决定了脉冲工艺是不适合的，因为不清洁的焊接区域影响脉冲电弧的稳定性，将导致电压变化和咬边。传统的 $CO_2$ 气保焊飞溅大，焊接质量差；传统的 Ar/$CO_2$ 气体保护焊小电流焊接时，熔深不够，焊速低，只适用于薄板，而大电流焊接时会出现大颗粒过渡。同时，这几种传统工艺的熔滴过渡属"自然"过渡，都易受到外部因素干扰，工艺的一致性、重复性难以保证。而使用 $CO_2$ 保护气的 CMT 焊接工艺，可以实现无飞溅的焊接，焊缝成形美观，工艺一致性和重复性好，还可满足熔深和焊接效率的需要，同时降低焊接气体运行成本。

图 2-47 所示为需要焊接的副车架部件，部件使用的母材是热轧制高强钢，厚度为 2.5~3.0mm，其化学成分及力学性能见表 2-3。要求焊接速度需大于 19mm/s，焊件熔深最低要求 0.4mm，同时要考虑焊接工艺的重复精度、

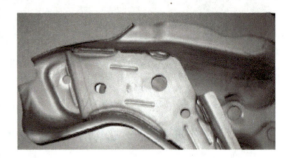

图 2-47 需焊接的副车架部件

电弧和工艺的稳定性、焊后飞溅的处理成本、焊接的效率和经济性。

表 2-3 母材 QStE 340TM 的力学性能和化学成分

| 标准（SEW 092） | | | 屈服强度/MPa | | | 抗拉强度/MPa | | | |
|---|---|---|---|---|---|---|---|---|---|
| QStE 340TM | | | ≥340 | | | 420~540 | | | |
| 化学成分（质量分数，%） | | | | | | | | | |
| C | Si | Mn | P | S | Al | Mo | Ti | | B |
| ≤0.12 | ≤0.50 | ≤1.30 | ≤0.030 | ≤0.025 | ≥0.015 | | ≤0.15 | | |

焊接使用的填充焊丝是直径为 1.0mm 的 G3Si1。表 2-4 列出填充焊丝的成分（标准号 DIN EN ISO 14341—2011）。

表 2-4 填充焊丝 G3Si1 的典型化学成分（质量分数，%）

| C | Si | Mn | P | S | Ni | Mo | Al | Ti+Zr |
|---|---|---|---|---|---|---|---|---|
| 0.06~0.14 | 0.70~1.00 | 1.30~1.60 | 0.025 | 0.025 | 0.15 | 0.15 | 0.02 | 0.15 |

当 CMT 焊接使用 M21（82% Ar+18% $CO_2$）保护气时，焊接参数见表 2-5，焊后焊缝截面显微示意图如图 2-48 所示，从图中可以看出，焊缝外形成形美观，成形一致性良好，并且工件上无任何飞溅。但是有一点不足是熔深，所测量出的熔深有时可以达到最低要求，有时就无法满足，

平均的熔深只能达到 0.3mm。尽管如此，CMT 工艺的稳定性、重复一致性、可靠性、无飞溅等均能够满足使用要求。

对于 CMT 工艺来说，使用 Ar+$CO_2$ 与使用纯 $CO_2$ 作保护气相比，其熔滴过渡的本质差别是很小的，不过区别还是存在的，主要是需要策略控制电流、电压与送丝方向的协同，这是一个很复杂的过程。首先必须精确地控制电弧燃弧时间；其次短路电流必须控制在一定水平，使收缩力和表面张力可以同时作用，促进熔滴脱落（见图 2-49）。

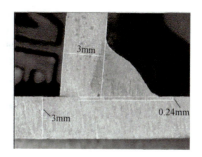

图 2-48　CMT（Ar+$CO_2$ 混合保护气）焊焊缝截面显微示意图

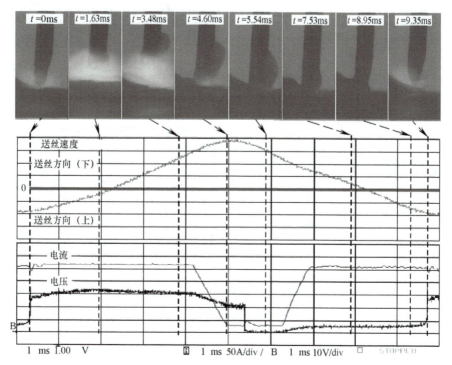

图 2-49　CMT 焊（纯 $CO_2$）熔滴过渡高速摄影（显示过渡同电流、电压、送丝方向的关联）

表 2-5　CMT 工艺焊接参数（Ar+$CO_2$ 混合保护气）

| 送丝速度/(m/min) | 平均电流/A | 平均电压/V | 焊接速度/(mm/s) |
| --- | --- | --- | --- |
| 9.2 | 204 | 16.2 | 20 |

当 CMT 焊接使用纯 $CO_2$ 保护气时，焊接参数如表 2-6 所示，焊后焊缝截面显微示意图如图 2-50 所示，CMT 工艺的焊接效果如图 2-51 所示。

表 2-6　CMT 工艺焊接参数（$CO_2$ 保护气）

| 送丝速度/(m/min) | 平均电流/A | 平均电压/V | 焊接速度/(mm/s) |
| --- | --- | --- | --- |
| 10.2 | 205 | 20.5 | 22 |

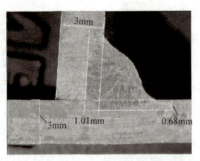

图 2-50  CMT（$CO_2$ 保护气）焊焊缝截面显微示意图

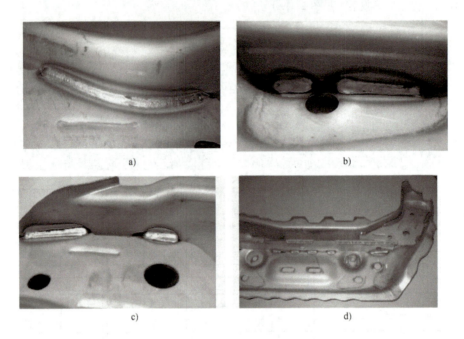

图 2-51  CMT 工艺的焊接效果

从图 2-50、图 2-51 焊接结果可以看出，所有的焊缝同样没有飞溅且外观质量良好，完全满足要求。此外，通过对内部质量的一系列试验，发现熔深明显优于 $Ar+CO_2$ 混合保护气，焊缝截面形状和熔深也完全满足要求。另外，对比表 2-5 与表 2-6，使用 $Ar+CO_2$ 保护气，焊接速度为 20mm/s，而使用纯 $CO_2$ 保护气时焊接速度达 22mm/s，同比提高了 10%，进一步提高了焊接效率。同时，使用 $CO_2$ 保护气，与 $Ar+CO_2$ 保护气相比，焊接电压也提高 4~5V，电弧效率也得到了一定比例的提高。

对同样材料进行T形角接接头的传统 $CO_2$ 气体保护焊与 CMT（100% $CO_2$）焊。图 2-52、图 2-53 所示分别是两种工艺的焊缝成形示意图。从图中可以看出，传统的 $CO_2$ 气体保护焊的焊后焊缝表面粗糙且有飞溅，而 CMT（100% $CO_2$）焊的焊缝成形美观，无飞溅。

此外，虽然 CMT（100% $CO_2$）焊具有焊缝成形好、飞溅小、变形小等优点，但同时也应考虑其成本是否会增加，因为保护气体的成本占焊接领域运营成本的一大部分。因此，对 CMT 焊使用的纯 $CO_2$ 气体与 82%Ar+18%$CO_2$ 的气体消耗成本进行了比较分析，见表 2-7。

图 2-52 传统的 $CO_2$ 气体保护焊焊缝成形

图 2-53 CMT（100%$CO_2$）焊焊缝成形

表 2-7 CMT 焊纯 $CO_2$ 气与 82%Ar+18%$CO_2$ 成本比较

| 统计的时间段 | 82%Ar+18%$CO_2$成本 | $CO_2$气体成本 | 节省成本 |
| --- | --- | --- | --- |
| 1小时 | 5.01欧元 | 3.71欧元 | 1.3欧元 |
| 1天（3班制，6小时/班） | 90.18欧元 | 66.85欧元 | 23.33欧元 |
| 1年（220天） | 19839.6欧元 | 14707欧元 | 5132.6欧元 |
| 6年 | 119037.6欧元 | 88242欧元 | 30795.6欧元 |

从表 2-7 中可以得出，CMT 工艺使用纯 $CO_2$ 保护气可以显著降低成本，这对焊接工艺本身来讲是一个很大的优势。此外，还有些成本的减少量没有计算，如降低了焊件的报废率，减少了返工的工作量，降低了焊后清理工作（如清除飞溅），这些都极大地降低了焊接成本，提高了利用率及焊接效率。

由此可见，使用 $CO_2$ 保护气的 CMT 工艺，可以实现无飞溅的焊接，焊缝成形美观，工艺一致性和重复性好，还可满足熔深和焊接效率的需要，同时可降低焊接气体运行成本。上述典型案例证明，$CO_2$ 保护气 CMT 工艺可以应用于高强度级别钢的高质量生产，在工业化生产中具有广阔的应用前景。

### 任务布置

分析 CMT 焊接技术在 1mm 铝合金板焊接中的应用，并制订其 CMT 焊接工艺。

### 项目总结

CMT 焊接技术是一种"低热输入"电弧焊技术。因其有极少的"飞溅"量，较低的热输入，智能化的电源控制技术及丰富的专家工艺系统，在很多关键结构的焊接中得到了广泛应用。完成本项目的学习，可以初步具备根据具体焊接任务要求和构件的工艺特点选择 CMT 工艺设备、正确设计工艺试验方案并进行 CMT 焊接试验的能力。

### 复习思考题

1. CMT 焊接技术的工作原理是什么？
2. CMT 焊接技术有哪些特点？适用于哪些材料？
3. CMT 焊接设备组成有哪些？
4. 分析 CMT 焊接的焊缝可能出现哪些缺陷。

# 项目三
## 电致超塑性焊接

### 项目导入

随着现代工业的发展,很多情况下需要合金含量较高的钢材与其他材料组成复合连接构件,以发挥不同材料的性能并在经济性上形成优势互补。例如工程上广泛应用的复合材料刀具和冲头,就需要高合金含量的钢材与其他材料进行连接。但这类钢中的合金含量较高,焊缝凝固时易产生成分偏析,且含有大量的碳化物,严重地影响其成形工艺性能,采用熔化焊的方法连接时焊接性差。电致超塑性焊接是结合电塑性与超塑性焊接于一体的特种连接方法。这种方法属于固相焊,因此避免了传统熔化焊的缺点,为高合金含量钢材等难焊材料的高质量连接提供了新方法。本项目以 Cr12MoV 与 40Cr 钢电致超塑性连接设备与工艺设计为例,介绍电致超塑性焊接的相关知识。

### 学习目标

1. 了解电致超塑性焊接原理。
2. 了解电致超塑性焊接设备组成及特点。
3. 掌握电致超塑性焊接工艺特点。
4. 掌握电致超塑性焊接试验方法,能够制订焊接试验工艺参数。

## 任务 1　电致超塑性焊接设备的设计

### 任务解析

通过完成本任务，使学生掌握电致超塑性焊接原理，了解电致超塑性焊接工艺的特点；掌握电致超塑性焊接设备的组成、特点及应用范围；为设计电致超塑性焊接工艺奠定基础。

### 必备知识

#### 一、材料的超塑性

超塑性是指材料在一定的内部条件和外部条件下，呈现出异常低的流变抗力、异常高的流变性能的现象。超塑性有大伸长率、无缩颈、小应力、易成形等特点。超塑成形工艺在航天、汽车、车厢制造等领域中被广泛采用，所用的超塑性合金包括铝、镁、钛、碳钢、不锈钢和高温合金等。

金属或两种以上金属组成的合金，通常是坚硬的，有大的强度，做成各种构件很坚固，不容易破坏，这当然是一种优点；但是，强度越大的材料，要加工成某种形状，成形也就越困难，这时强度大变成了缺点，给加工成形造成困难。长期以来，人们希望有一种材料，加工成形时，像麦芽糖似的，用一点力就能把它拉长，柔软可塑，而加工成形后，又像钢铁一样坚硬牢固。

最初发现的超塑性合金是锌与铝（$w_{Si}$=22%）的合金。1920 年，德国人罗森汉在锌－铝－铜三元共晶合金的研究中，发现这种合金经冷轧后具有暂时的高塑性。超塑性锌合金的形成条件为：温度 250 ~ 270℃，压力 0.39 ~ 1.37MPa。1928 年，英国物理学家森金斯下了一个定义：凡金属在适当的温度下变得像软糖一样柔软，而且其应变速度为 10mm/s 时产生 300% 以上的伸长率，均属超塑性现象。1945 年，苏联学者包奇瓦尔等针对这一现象提出了"超塑性"这一术语，并在许许多多有色金属共晶体及共析体合金中，发现了不少的延展性特别显著的特异现象。

最初发现的超塑性合金是一些简单的二元合金，如锡铅、铋锡等，例如一根铋锡棒可以拉伸到原长的 19.5 倍。然而，这些材料的强度太低，不能用于制造机器零件，所以并没有引起人们的重视。20 世纪 60 年代以后，研究者发现许多有价值的锌、铝、铜合金也具有超塑性，于是苏联、美国和西欧一些国家对超塑性理论和超塑性加工发生了兴趣。特别是在航空和航天工业中，面对极难变形的钛合金和高温合金，普通的锻造和轧制等工艺很难成形，而利用超塑性加工获得了成功。到了 20 世纪 70 年代，各种材料的超塑成形已发展成流行的新工艺。目前的应用也主要是将这种特殊性质用于结构材料的塑性成形。还有不少是开发利用这种合金的固相黏结作用、减振能力和消声性能，某些超塑性合金兼具结构和功能材料的性质。还有一种超塑性行为，产生在具有微细晶粒的有色金属和合金中。这种有色金属和合金本身具有极为细小的等轴晶粒（直径为5μm以下）。这种超塑性称为超细晶粒超塑性。超塑性合金的晶粒直径一般为0.2～5μm，尽管变形量很大，但晶粒形状不变，仍为细小的等轴晶粒，试样形状的改变只是晶粒位置发生了变化，变形发生在晶粒的界面上，在应力作用下通过短程扩散的晶界滑动而变换了晶粒的排列。晶界滑动是微晶超塑性重要的变形机制。

### 二、超塑成形应用及研究

金属材料的超塑性是指金属在特定条件（晶粒细化、极低的变形速度及等温变形）下，具有更大的塑性。如低碳钢拉伸时伸长率只有30%～40%，塑性好的有色金属也只有60%～70%，但超塑性状态时，一般认为塑性差的金属的伸长率在100%～200%范围内，塑性好的金属的伸长率在500%～2000%范围内。要使超塑性出现，必须满足某些必要条件。首先必须使金属具有0.25～2.5μm的极细晶粒，即必须小于一般晶粒大小的1/10。其次，当温度达到金属熔点一半以上时，具有一般晶粒大小的金属的晶粒便开始长大，而这时细晶粒金属的晶粒保持稳定。因此，超塑性除要求有极细的晶粒外，还必须具有高的伸长率和低的屈服应力，并以低的变形速率在高于熔点一半的温度下进行加工。

早在1920年，德国W.Rosenhain等人将冷轧后的Zn-Al-Cu三元共晶合金板慢速弯曲的时候，发现这种脆性材料被弯成180°而未出现裂纹。他们推断这种与负荷速度有密切依赖关系的异常现象，可能是由于加工时产生了非晶质的缘故。1934年，英国C.E.Pearson初次对Pb-Sn共晶合金的异常弯曲进行了详细研究。这种合金材料很脆，受挤压时容易破裂，可是将其缓慢拉伸，却得到了伸长率为2000%的试样，见图3-1。很奇怪的是，这种慢速大延伸的金属，在落地试验中呈脆性断裂，这是一个更大的发现，在当时虽然引起了一部分人的强烈反响，但在第二次世界大战中却被搁置了。第二次世界大战后，苏联科学家对金属的异常延伸现象进行了系统研究，用Zn-Al共析合金在高温拉伸试验中得到异常的伸长率，并提出了"超塑性"这个术语。1962年，美国E.E.Underwood发表了一篇评论解说性文章，从冶金学的角度分析了实现超塑成形的可能性、条件及基本原理。从此，超塑性研究受到了人们越来越多的重视。

图3-1 材料超塑性的发现

### （一）应用

由于金属及合金在超塑性状态具有异常好的塑性和极低的流动应力，因此对成形加工极为有利。对于形状极为复杂或变形量很大的零件，都可以一次成形。成形有多种形式，如板料成形、管材成形、无模拉丝、吹塑成形和各种挤压、模锻等。利用这种异常的塑性，可将原来需要很多零件拼合成的部件，通过超塑成形一次加工出来，减轻了零件的重量，节约了大量加工工时。具体应用有：

### 1. 板料深冲

锌铝合金等超塑性板料，在法兰部分加热，并在外围加压，一次能拉出非常深的容器。如果在凸模下部和拉深的筒部采用冷却装置，深冲比 $H/d_p$=11，是普通拉深的 15 倍，而且拉深速度在 5000mm/min 时深冲比不变。超塑成形件的最大特点是没有各向异性，拉深的杯形件没有制耳。

### 2. 板料吹塑成形（气压成形）

这是在超塑性材料的伸长率高和变形抗力小的前提下，受到塑料板吹塑成形的启发而发展起来的新工艺，用于 Zn-22%Al，Al-6%Cu-0.5%Zr 和钛合金的超塑性板料成形。利用凹模或凸模，将板料和模具加热到预定的温度，用压缩空气的压力，使压紧的板料涨开，并贴紧在凹模或凸模上，从而获得所需形状的薄板工件。目前能加工的板料厚度为 0.4～4mm。

### 3. 挤压和模锻

近年来，高温合金和钛合金的应用不断增加，尤其是在国防工业生产中。这些合金的特点是：流变抗力高，可塑性极低，具有不均匀变形所引起力学性能各向异性的敏感性，难于机械加工及成本昂贵。如采用普通热变形锻造，机械加工的金属损耗达 80% 左右，而机械加工的性能很差，往往不能满足零件所需的力学性能。但是采用超塑性模锻方法，就能很容易地解决这些问题。

超塑成形的主要研究前沿是"先进材料的超塑性开发"。所谓先进材料，是指金属基复合材料、金属化合物、陶瓷等，由于它们具有某些优异的性能（如强度、高温性能等），因此可以得到很大的发展。然而这些材料却有一个共同的不足之处——难于加工成形，因此开发这些材料的超塑性具有重要意义。近年来，一些材料的超塑性已经达到很高的指标，但实现这些材料的超塑性应用，尚有一定的距离。

超塑成形的历史尚短，仍属于新兴工艺，对各种材料的各种成形工艺过程，还处在不断地试验、比较、淘汰、选择、发展和完善之中。从目前的发展趋势上来看，有下述几点值得注意。

首先，成形大型金属结构及相关成形设备。采用超塑胀形工艺来成形大型金属结构具有显著的技术经济效益。这一类金属结构在美国的 B-1 型飞机和 F14A、F15、F18 飞机以及英国的直升机上获得应用，其中最大的构件是 B-1 型飞机的发动机舱门，平面尺寸达到 2790mm×1520mm。与这种成形工艺相适应的设备也在研究和发展之中。

其次，陶瓷材料与复合材料的超塑性。国际上，陶瓷材料的超塑性研究有很大进展。日本物质和材料研究机构开发成功了一种具有超塑性的新型陶瓷。这种陶瓷在高温下能够像金属一样被拉长，可以用来制造形状复杂的机械零件。这种新型陶瓷是把钴、铝和尖晶石三种材料放在一起，用一般方法烧制出来的。试验结果表明，1cm 长的材料片在 1650℃的高温下，1s 可拉长 1cm，是一般陶瓷的约 100 倍。它可以像金属一样进行轧制和锻造，用于制造发动机和涡轮机零件等产品。

### （二）研究

我国的陶瓷材料超塑性研究也列入了 863 高技术研究规划。此外，以金属超塑性材料为基体的复合材料的研究也在进行中，从制备（包括材料设计）、性能测试、成形试验等诸多方面均有发展。比如，在金属基超塑性材料中加入 SiC 纤维形成的超塑性材料，可以达到超塑性气压胀形的要求。世界上超塑性的研究已开展了几十年，20 世纪 70 年代形成了"超塑热"，现在也有不少的专家在从事超塑性研究。然而，迄今为止，超塑成形技术尚未发挥其应有的作用。其主要原因在于研究的范围在不断拓展，但纵深性不够，很多研究工作还停留在理论和试验室阶段。由于在理论上尚未吃透、工程上缺乏经验，因此，超塑成形技术在工程上的应用受到阻碍。超塑成形技术想在关键承力结构件上得以应用，必须进行艰苦细致的工作，在关键环节上进行纵深研究。

### 1. 先进稳定的工艺研究

超塑成形是一种新工艺，它的特点是可以利用小吨位设备进行具有大变形量的复杂零件的成形。然而这种工艺也有缺点，主要是成形速度慢。工程应用中应注意发挥超塑成形技术的优越之处，专门成形其他塑性工艺难以甚至不能成形的重要零件，这样就显示出了超塑成形的先进性。另外，超塑成形与传统成形方法相比，生产环境较为复杂，生产过程中不可控因素较多，加上生产经验积累不足，导致生产工艺不稳定。因此，须针对典型超塑成形部件，重点突破关键工艺，并对已有的工艺进行完善和稳定化，这是产业化的基础。

### 2. 辅助环节的研究

研究涉及每一个工艺环节，包括辅助环节。超塑成形工艺本身包括材料的加热—入模预热—加压成形—出模—校形—热处理等环节，这仅仅是成形工艺的主线，模具的设计、制造、加热、维护，润滑剂的选择与使用，成形设备的设计、使用、维护及改进等，也都直接关系到超塑成形工艺的成败。实际上，我国在超塑成形领域与发达国家的差距更多地体现在模具、成形设备等辅助环节上，其原因在于基础工业的相对落后，导致在模具设计的先进性、成形设备的智能化等方面满足不了超塑成形所需的条件，成为超塑成形技术发展的瓶颈。

### 3. 工艺的智能控制研究

现在一些大的超塑成形研究公司如美国的 SUPERFORM 公司已经对超塑成形全程计算机控制，只要事先输入数据，成形设备就可以自动按时、准确地进行加温—加压—充气—放气等动作，工人只用放入坯料，取出成形的零件。这种超塑成形的零件成品率高，一致性好，更体现出超塑成形工艺的先进性。在工艺的智能控制研究方面，在硬件（自动化超塑成形设备）及软件（优化准确的工艺流程和参数）上都有很大欠缺，可研究的空间很大。

### 4. 产品质量、成本控制研究

超塑成形产品要想真正得以应用，尤其是在航天器关键结构件上得以应用，必须进行产品质量、成本控制研究。现在的很多技术发展都是基于这个原则进行的，比如目前很热的钛合金渗氢技术，以获得低温（700℃左右）超塑性，可以大幅度降低成本，更重要的是可防止晶粒长大，提高最终的材料性能，保障产品质量。另外，超塑成形中的材料性能变化、变薄率的研究等都应给予高度的关注。国外工业发达国家的超塑成形技术已发展到成熟的工程应用阶段，很多航天、航空公司都有自己的超塑成形研究、生产部门，形成规模效益，并互相竞争，加速技术发展。而我国目前仅有少数单位能生产合格的超塑性产品，并且技术还相当落后。

所以，在超塑成形领域不断拓宽的同时，更需对关键技术、关键产品进行纵深研究，"变热点为亮点，以宽度换深度"，培养具有技术特色的研究、生产单位。对于技术相对落后且有巨大背景需求的研究单位，应采取"以背景换技术，用需求促发展"的战略，与拥有先进技术的公司、学校合作,以提升自身的研发能力,迅速发展和壮大自己,在超塑成形领域占有一席之地。

### 三、超塑性固态焊接

固态焊接是指两块被焊材料在固态下(无熔池)通过接触面上的扩散和再结晶过程达到牢固结合的一种方法。通过物理方法克服两连接表面的不平度,使连接表面足够"贴近",如除去表面氧化膜和其他污染物,使待连接面足够"干净",以使两个连接表面上的原子相互接近并达到晶格间距,形成金属键结合,从而得到高质量的焊接接头。固态焊接方法不发生原子熔化及再形核,可以避免一些相变的发生,减少焊接界面处一些化合物的形成,从而最大限度地增强界面结合强度。常见的固态焊接方法有超声波焊、摩擦焊、扩散焊、电磁焊等。固态焊接从机理上分为两类,一类是以塑性变形为主的连接,如锻焊,通过施加压力使接合面发生塑性流变,进而破坏待焊面的氧化膜,使其露出金属新鲜表面,从而达到原子间有效的结合;变形焊是依靠施加较大的压力使接合面产生大的塑性变形,以提高接合面的密合性,同时,大的变形量破坏表面氧化膜,使得接触面露出新鲜的高活性界面,从而实现原子间结合,但由于接头变形较大,不能实现精密焊接;另一类是以扩散为主的扩散连接,即在真空或保护气氛中,通过长时间的高温低应力作用,使待连接面局部发生塑性变形,并利用结合层原子间的相互扩散,以达到接合面密合。扩散焊利用高温蠕变变形使接合面实现密合,之后靠长时间的原子或空位扩散实现连接。但扩散焊焊接设备昂贵、能耗高,且焊接周期长。

材料固态焊接必须具备两个要素:材料的塑性变形和扩散。因此,凡是有利于塑性变形和扩散的因素都将有利于材料的固态焊接。

超塑性焊接是一种利用材料在超塑性状态下易焊合的特点而进行焊接的新型固态焊接方法。在超塑性状态下,可产生大的塑性流变和原子扩散迁移率,能在短时间、较低温度下实现高质量的连接,兼有变形焊和扩散焊的优点。其工艺简单,无须真空或保护气氛,已成为解决诸如高碳钢等碳化物含量较多的难焊材料异材连接的有效方法。超塑性焊接样品见图3-2。

超塑性效应的提高对金属超塑性固态焊接的促进作用主要体现在两个方面:一方面,超塑性效应引起的高度活化促进了待焊接面的实际接触面积的扩大,金属在低应力下产生大的塑性变形,氧化膜的破碎和活性表面增加,破膜效率更高;另一个方面,超塑性焊接时,系统内的组织超细化预处理后的晶体缺陷(晶界、相界、位错、空位)密度增加、运动加剧,使原子扩散的通道增多,极利于空位扩散机制的进行。

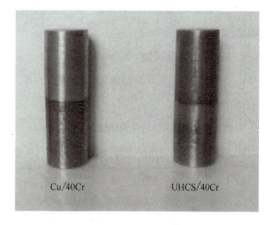

图3-2 超塑性焊接样品

材料处于超塑性状态时,可以在较低的应力状态下实现较大的塑性变形,并且材料中的原子处于强烈的激活状态,原子的扩散能力加强,能在较低温度下和较短时间内产生明显的扩散,这种作用有利于实现两个连接面的结合,促进界面两侧的原子扩散,从而实现精密固态连接。在超塑性变形条件下，经短时间焊接即可实现钢的同材或异材固态焊接；焊接温度对焊接质量的影响比较明显；焊后接头可随母材按常规热处理工艺进行热处理而不影响接头的力学性能。

### 四、电致超塑性焊接

近年来，利用电磁场改良传统材料加工过程已逐渐成为材料学界广泛关注的研究领域，如电磁悬浮熔炼、电磁铸造、电磁塑性加工等。电致塑性是指电流和电场不但影响金属原子的可动性，还显著影响金属晶体结构中位错可动性的现象。试验发现，当高密度脉冲电流通过正进行塑性变形的金属时，因电流而产生的大量定向漂移电子会对金属晶体结构中的位错施加一个额外的力，帮助位错越过其前进中的障碍，从而提高变形金属的塑性和韧性，降低变形抗力。发生这种现象时，金属甚至会表现出超塑性的变形特性。金属在电致塑性或电致超塑性状态下，具有低的流动应力、高的塑变能力及高的原子扩散能力等特点，并且可以保证较低的超塑性变形温度、较低的变形力和高的应变速率。随着人们对电流、电场等物质场的了解，金属的电致超塑性原理也逐渐开始被人们应用到冶金、焊接及热处理等热加工领域。

研究表明，当电流通过正处于塑性变形的金属时，它可能会引起以下效应：焦耳热效应、电动效应（包括趋肤效应、收缩效应、磁致伸缩效应）。电流和电场不但影响金属原子的可动性（电子漂移），还对金属晶体结构中的位错可动性具有影响，提高了金属的塑性。人们把这种电场或者电流通过对位错可动性的影响而提高金属塑性的效应称为电致塑性效应。电致超塑性效应（electro-superplastic effect，简称ESP效应）是在电致塑性效应的基础上提出的。对于正处于超塑性变形的金属，电流和电场能加强其微观变形机制的作用，从而提高金属超塑性变形的能力。

材料处于超塑性状态时，超塑性变形过程中原子处于高激活状态，原子扩散能力加强，可以在较短时间、较低温度下产生明显的扩散，非常有助于实现待连接面的紧密接触、破膜及界面两侧的原子相互扩散，从而实现固态连接。

金属材料的固态连接过程一般分为三个阶段，而超塑性对每个阶段都可以起到促进作用，具体表现为：

#### 1. 形成物理接触

在超塑性状态下，金属可以在低应力下产生比较大的塑性变形，从而促进了氧化膜破裂及焊接面的物理接触。

#### 2. 接触表面的活化和形成活化中心

超塑性效应使原子处于高激活状态，从而使该阶段所需的时间大为缩短。

#### 3. 体积相互作用

超塑性焊接时，系统内晶体的缺陷密度增加且原子运动加剧，使待焊面的活化中心数量增多，以界面扩散为主的扩散显著加快，从而导致该阶段迅速完成。

由此可见，超塑性焊接与一般的变形焊接相比，可以在较低应力下获得大的塑性变形，从而使待焊面极易实现密合，并且超塑性特殊的变形机制能在宏观变形量不大的情况下更加有效地破坏氧化膜；与扩散焊相比，超塑性变形使界面的密合比一般蠕变更为有效，且因原子扩散能力的增强，能在较短时间内、较低温度下产生明显的扩散，从而实现材料的固态焊接。因而，超塑性焊接较变形焊与扩散焊更具有技术优势。按超塑性的形成机理分类，超塑性固态焊接也可分为相变超塑性固态焊接和恒温超塑性固态焊接两类。恒温超塑性固态焊接由于不需对温度循环进行控制，而在工业上获得广泛应用。将电场对超塑性的有利影响与超塑性固态焊接的优点相结合，不仅可获得更加优异的焊接接头，而且还可为焊接难焊材料提供新的焊接方法；加之该技术所需压力小、无须真空或保护气氛等，这是其他固态焊接技术所不能比拟的，因而在难焊材料固态连接上具有广阔的应用前景并能获得明显的技术经济效益。

### 五、设计电致超塑性焊接设备装置

本任务以 Cr12MoV 与 40Cr 钢的焊接为例。根据超塑性焊接的原理，只要材料进行有效的塑性变形和扩散，即可实现高质量的连接。在电场作用下，可以使超塑性稳态流变应力降低，原子扩散激活能减小，并促使晶界滑移增强、晶粒细化、等轴、均匀等。这说明在电场作用下更有利于固态焊接所需的扩散、塑性变形，即在电场作用下超塑性焊接更容易进行。根据电致超塑性焊接原理，本任务通过以下焊接设备设计实现焊接。

如图 3-3 所示，电致超塑性压缩试验和电致超塑性焊接试验在经改装的 WJ-10A 型机械式万能材料试验机上进行，试验机的压头移动速度 $v$ 在 0.02～60mm/min 范围内连续可调，加热装置是自制的 3kW 电阻炉，配有冷却水循环系统，并用可编程精密控温仪控温，温度偏差为 ±2℃。在试验机上加装的应力传感器、位移传感器与计算机相连，组成数据采集系统。

电场装置为自制的多功能高压电源，利用自耦调压器、变压器及整流和滤波等元件，通过整流升压，可得到 0～10000V 连续可调的直流高压、负直流高压、交流高压、脉冲高压，输出高压的极性可变。施加电场所用的内电极采用耐高温、高强度的合金钢制作，电极形状为圆柱状，且与电源相连；另一个电极是由耐热钢制成的环状电极，两电极均安放在加热炉内，通过耐热导线与外界高压电源连接，两电极和试验机三者之间用陶瓷件相互绝缘。高压电源通电后，在柱状试样和环状电极之间产生极性可变、场强可调的径向电场。

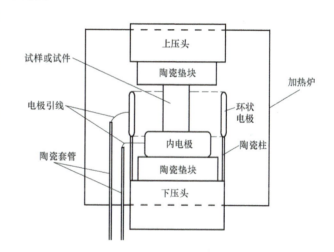

图 3-3 试验所用装置

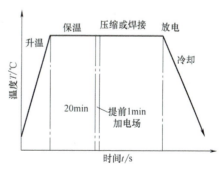

图 3-4 焊接工艺示意图

电致超塑性焊接工艺流程如下：

试样两端面涂抹石墨润滑剂→炉温加热到预定温度→将试样放置于环状电极轴心→保温20min→施加高压电场→试样压缩40%→关闭电源→用放电棒释放高压电源内残留的静电→取出试样空冷→测量试样尺寸。焊接工艺示意图如图3-4所示。

### 任务布置

根据电致超塑性焊接的原理，自行设计一套焊接设备方案。

## 任务2　电致超塑性焊接工艺的确定

### 任务解析

通过完成本任务，使学生能够明晰Cr12MoV与40Cr钢的焊接性能，并选择适当的电致超塑性焊接工艺，能够分析焊接参数对Cr12MoV与40Cr钢焊接工艺的影响，并做出相应的技术调整。

### 必备知识

#### 一、Cr12MoV与40Cr钢的组织成分及焊接性

高铬高合金工具钢是一类在工业中有着广泛应用和潜在应用前景的钢铁材料。但这类钢中大量的碳化物严重地影响其工艺性能，使得某些加工过程变得困难，如这类钢的焊接性差而导致其焊接加工困难。而随着现代工业的发展，很多情况下，往往又需要这一类钢与其他材料组成复合连接构件，以实现不同材料在性能与经济上的优势互补。40Cr钢由于含碳量较高，因此，焊接性差，焊接工艺复杂，且在焊接过程中易产生裂纹等缺陷。但是Cr12MoV与40Cr钢都具有良好的电致超塑性，电致超塑性可促进材料的超塑性变形，并进一步增强材料的超塑性效应。对于具有大质量分数碳化物的钢之类难焊材料的超塑性焊接来说，若施加合适的电场进一步增强被连接材料的超塑性效应，改善碳化物的变形行为，将有利于超塑性焊接所需塑性变形和扩散机制的进行，使超塑性焊接过程加快，接头性能进一步提高。所以本任务将以任务1中的理论为基础进行Cr12MoV与40Cr钢（成分见表3-1）的电致超塑性焊接。

表3-1　母材成分表

| 钢号 | 成分（质量分数，%） | | | | | | 临界温度/℃ | | |
| --- | --- | --- | --- | --- | --- | --- | --- | --- | --- |
| | C | Cr | V | Mo | Si | Mn | $Ac_1$ | $Ac_3$ | $Ac_{cm}$ |
| Cr12MoV | 1.45~1.7 | 11~12.5 | 0.1~0.3 | 0.4~0.6 | ≤0.4 | ≤0.35 | 830 | — | 855 |
| 40Cr | 0.37~0.45 | 0.8~1.1 | — | — | 0.1~0.37 | 0.5~0.8 | 743 | 784 | — |

Cr12MoV钢的淬透性、淬火回火后的硬度、强度、冲击韧度比Cr12高，直径为

300～400mm以下的工件可完全淬透，淬火变形小，但高温塑性较差。Cr12MoV多用于制造截面较大、形状复杂、工作负荷较重的各种模具和工具，如冲孔凹模、切边模、滚边模、钢板等。

40Cr钢是机械制造业使用最广泛的钢之一。调质处理后具有良好的综合力学性能、良好的低温冲击韧性和低的缺口敏感性。钢的淬透性良好，水淬时可淬透到$\phi 28\sim\phi 60$mm，油淬时可淬透到$\phi 15\sim\phi 40$mm。这种钢除调质处理外，还适于碳氮共渗和高频感应淬火处理，切削性能较好，当硬度为174～229HBW时，相对切削加工性为60%，适于制作中型塑料模具。该钢价格适中，加工容易，经适当的热处理以后可获得一定的韧性、塑性和耐磨性。正火可促进组织球化，改进硬度小于160HBW毛坯的切削性能。在温度550～570℃进行回火时，该钢具有最佳的综合力学性能。这种钢经调质后，用于制造承受中等负荷及中等速度工作的机械零件，如汽车的转向节、后半轴以及机床上的齿轮、轴、蜗杆、花键轴、顶尖套等；经淬火及中温回火后，用于制造承受高负荷、冲击及中等速度工作的零件，如齿轮、主轴、液压泵转子、滑块、套环等；经淬火及低温回火后，用于制造承受重负荷、低冲击及具有耐磨性、截面上实体厚度在25mm以下的零件，如蜗杆、主轴、套环等；经调质并高频感应淬火后，用于制造具有高的表面硬度及耐磨性而无很大冲击的零件，如齿轮、套筒、主轴、曲轴、心轴、销子、连杆、螺钉、螺母、进气阀等。此外，这种钢适于制造进行碳氮共渗处理的各种传动零件，如直径较大和低温韧性好的齿轮和轴。

## 二、Cr12MoV与40Cr钢电致超塑性焊接工艺

通过压缩工艺的探索可得：

1）热轧态Cr12MoV钢在800℃、初始应变速率为$1.5\times 10^{-4}\text{s}^{-1}$、电场强度为$-2$kV/cm的条件下进行等温压缩变形，其真应力－应变曲线呈典型的超塑性压缩流变特征，稳态流变应力与常规超塑性压缩相比降低7%；经循环淬火处理的40Cr钢在750℃、初始应变速率为$1.5\times 10^{-4}\text{s}^{-1}$、电场强度为$-2$kV/cm的条件下等温压缩变形，真应力－真应变曲线也呈典型的超塑性压缩流变特征，稳态流变应力有所降低。即在电场作用条件下可提高Cr12MoV钢和经循环淬火处理的40Cr钢的超塑性效应。

2）Cr12MoV钢在800℃、$1.5\times 10^{-4}\text{s}^{-1}$、$-2$kV/cm条件下电致超塑性压缩，与常规超塑性压缩相比，可使应变速率敏感性指数$m$值由0.21提高到0.24，应变激活能$Q$由241kJ/mol降低到224kJ/mol。

3）Cr12MoV钢在电场作用下，在温度为800℃、初始应变速率为$1.5\times 10^{-4}\text{s}^{-1}$条件下超塑性压缩40%，压缩后晶粒仍保持等轴状且晶内位错减少，晶界呈宽化和圆弧化现象，反映了超塑性压缩变形的微观组织特征；第二相粒子碳化物在晶界处析出并呈不均匀性长大，反映了在超塑性压缩过程中伴随有扩散现象。

在此压缩工艺的基础上，任务设计Cr12MoV/40Cr电致超塑性焊接工艺过程为：用砂纸磨平焊接试样待焊面，并用酒精和丙酮进行清理；测量试样焊前尺寸（高度$h_0$及直径$d_0$），将处理好的Cr12MoV与40Cr钢对接，并用牛皮纸和胶带进行密封；待炉温升至压缩温度$T$，焊接试样两

端面涂匀石墨，放置在环状电极中心，合炉；保温一定时间 $t_0$；保温结束前 1min 施加电场，数据采集系统载荷、位移清零，开始采集数据；以一定的初始应变速率焊接一定时间后停止；保存采集系统的图像与数据，取出试样空冷；测量试样焊后的尺寸（高度 $h_f$ 及直径 $d_f$）。

### 三、焊接实施与分析

恒温超塑性变形是以扩散蠕变和位错运动调节的晶界滑移和晶粒转动为主的塑性变形，材料组织晶粒越细（晶粒尺寸一般要求小于 10μm），超塑性变形能力就越好。本试验以工业上常用的工具钢 Cr12MoV 和结构钢 40Cr 为研究对象。Cr12MoV 钢为热轧退火态圆钢，组织为铁素体＋碳化物，碳化物呈细小球状和粒状均匀分布在铁素体基体上，有少量的不规则大体积碳化物分布其中，如图 3-5 所示。用苦味酸钠水溶液腐蚀 Cr12MoV 后显示其晶粒，铁素体晶粒尺寸小于 5μm，满足超塑性要求。

热轧退火态的 40Cr 钢组织为粗大的珠光体＋铁素体，如图 3-6 所示，无法满足超塑性要求。对 40Cr 钢进行组织细化预处理，经过两次盐浴循环淬火处理，即可得到细小的马氏体组织，显微组织如图 3-7 所示，满足超塑性组织要求。两次盐浴循环淬火处理工艺曲线如图 3-8 所示。Cr12MoV 和 40Cr 钢的物理力学性能见表 3-2。

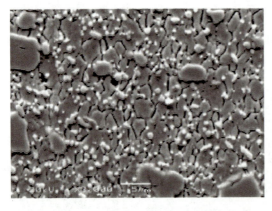

图 3-5　Cr12MoV 钢热轧退火组织

图 3-6　热轧退火态的 40Cr 钢组织

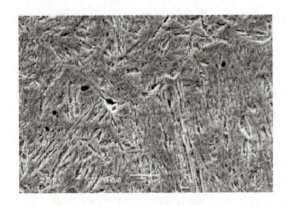

图 3-7　盐浴后 40Cr 钢组织

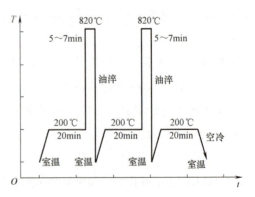

图 3-8　两次盐浴循环淬火处理工艺曲线

表 3-2　Cr12MoV 和 40Cr 钢的物理力学性能

| 钢　号 | $R_m$/MPa | $E$/($10^3$MPa) | 线膨胀系数<br>$\alpha_l$/($10^{-6}$K$^{-1}$) | 热导率<br>$\lambda$/(W·m$^{-1}$·K$^{-1}$) |
| --- | --- | --- | --- | --- |
| 40Cr | 500~800 | 211 | 11.9~14.6 | 32.9~44 |
| Cr12MoV | 2060 | 218 | 10.3~12.2 | 27.2~42.7 |

基于 Cr12MoV 与 40Cr 电致超塑性压缩试验结果，以焊接接头力学性能和接头变形量为主要考察指标，采用正交试验，确定 Cr12MoV 与 40Cr 电致超塑性焊接工艺参数，通过优化确定出最佳工艺参数，为实际应用提供试验依据。正交试验设计是目前应用最为广泛的试验设计方法，它用部分试验来代替更多的试验。通过对部分试验结果的分析，了解全面试验的情况。在解决多因素、多水平试验中效果显著。可用直观分析法和方差分析法分析正交试验各试验因素对试验结果的影响，进而最终确定最优试验方案。

### 1. 电场强度的影响

Cr12MoV/40Cr 在 $T$=800℃，$\varepsilon_0$=1.5×10$^{-4}$s$^{-1}$，$t$=10min 工艺条件下进行超塑性焊接，试验结果可以从图 3-9 中看出：随电场强度升高，接头的抗拉强度 $R_m$ 在电场强度为 +3kV/cm 时出现极值点（667MPa）；继续增大电场强度，$R_m$ 呈下降趋势。与不加电场超塑性焊接相比，最佳电场强度下的接头抗拉强度 $R_m$ 提高了 8%，达到 40Cr（700MPa）相同热循环状态下母材强度的 95%。从接头两侧变形可以看出，电场作用下超塑性焊接 Cr12MoV

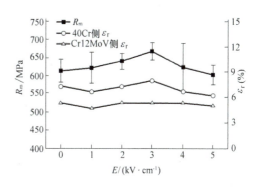

图 3-9　电场强度对焊接接头抗拉强度的影响

侧变形量变化不大；40Cr 侧在电场强度为 +3kV/cm 时有微小起伏，但整体变化不大，可认为电场对接头变形影响较小。

电场作用可使超塑性变形的稳态流变应力降低，$m$ 值提高，应变激活能降低。在电场环境中进行超塑性变形时，电源正极连接试样，表面带电层对空位和位错等材料内部缺陷产生作用，可降低扩散激活能，促进空位向表面定向迁移及促进位错滑移和攀移。随着空位的产生和迁移，以及位错的运动，接头区扩散加快、扩散作用明显增强，促使第二相碳化物粒子在晶界周围大量析出，进而阻止晶粒的长大。在超塑性变形应力作用下，晶粒呈近等轴状，有利于降低超塑性变形的稳态流变应力，促进晶界的滑移和晶粒的转动，从而保证超塑性变形得以进行，并形成高质量的焊接接头。

### 2. 焊接温度的影响

超塑性焊接通常是将待焊两侧材料的超塑性温度重叠区间作为焊接温度。合适的焊接温度既要满足超塑性流变的要求，又要兼顾原子的扩散。Cr12MoV 与经过超细化处理的 40Cr 在电场作用下焊接温度对焊接接头抗拉强度的影响如图 3-10 所示。焊接温度为 760℃时，40Cr 为（α+γ）两相组织，超塑性较好，此时 Cr12MoV 虽具有一定的超塑性变形能力，但由于焊接温度低而不利于超塑性流变和原子的扩散，接头两侧变形量小而焊后接头抗拉强度较低。在 780℃、800℃

焊接，焊后接头抗拉强度均达到600MPa以上，特别是在800℃时焊接，焊后接头抗拉强度达到40Cr母材强度的95%以上，40Cr接头变形量变化不大，Cr12MoV处于超塑性变形温度上限，接头变形量略有增加。此时40Cr虽为单相奥氏体组织，但晶粒还没有明显长大，仍具有一定的超塑性变形能力；对于Cr12MoV来说，该温度为最佳超塑性变形温度范围，此温度下组织为α与弥散分布的粒状碳化物，可呈现较好的超塑性。由此说明，Cr12MoV/40Cr电致超塑性焊接主要利

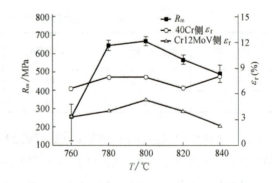

图3-10 电场作用下焊接温度对焊接接头抗拉强度的影响

用了Cr12MoV的超塑性。随着温度的升高，在820℃、840℃焊后接头抗拉强度反而降低，对此分析认为，温度升高对原子扩散虽有利，但晶粒的长大使超塑性流变受到抑制，从而接头强度降低。在此温度下Cr12MoV侧接头变形量较小，可能是由于在此温度下40Cr的塑性变形抗力远小于Cr12MoV的塑性变形抗力的缘故。

**3. 焊接时间的影响**

电场作用下焊接时间对焊接接头抗拉强度的影响如图3-11所示。由图可以看出，在 $T=800℃$、$E=+3kV/cm$、$\varepsilon_0=1.5\times10^{-4}s^{-1}$ 条件下，试样升至焊接温度并保温20min未进行焊接，接头就具有一定的强度，这是升温及保温过程中预压应力的等效压缩变形作用的结果；随焊接时间增加，焊接接头强度随之提高，在焊接时间为10min时达最大值。进一步延长焊接时间，接头强度反而下降。一般认为，在高温下持续时间过长，将导致奥氏体晶粒长大而使接头抗拉强度降低，从而不利于高质量超塑性焊接接头的形成。同时，焊接接头变形量随焊接时间的增加而增大。为控制接头变形量以及得到较好的焊接质量，在其他工艺一定的条件下，焊接生产中焊接时间不宜过长。

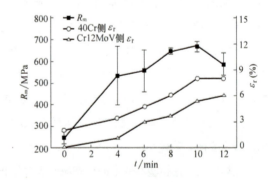

图3-11 电场作用下焊接时间对焊接接头抗拉强度的影响

**4. 焊接应变速率的影响**

电场作用下初始应变速率对焊接接头抗拉强度的影响如图3-12所示。由图可以看出，在 $T=800℃$、$E=+3kV/cm$、$t=10min$ 条件下，随着应变速率的增加，焊接接头的抗拉强度

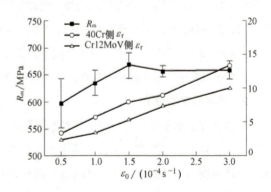

图3-12 电场作用下初始应变速率对焊接接头抗拉强度的影响
（$T=800℃$、$E=+3kV/cm$、$t=10min$）

也随之提高，在初始应变速率为 $1.5 \times 10^{-4} s^{-1}$ 时，焊接接头的抗拉强度达最大值；继续增加应变速率，接头的抗拉强度提高不大，反而使接头的变形量大幅增加，不利于实现精密固态焊接。

## 任务布置

根据 Cr12MoV 与 40Cr 钢电致超塑性焊接过程，总结 Cr12MoV 与 40Cr 钢电致超塑性焊接的特点。

## 项目总结

本项目介绍了超塑性的发现与相关研究等内容，分析了电致超塑性焊接的原理、特点和发展状况，引导学生利用所掌握的知识与信息探索 Cr12MoV 与 40Cr 钢电致超塑性焊接，并研讨焊接参数对焊接过程的影响。学生在该项目学习过程中，培养了处理知识与信息的能力，强化了分析与解决问题的能力，丰富了对焊接工艺设计的思考与设计手段，为学习接下来的项目与任务，奠定了基础。

## 复习思考题

1. 超塑性焊接的应用主要在哪些方面？
2. 简述电致超塑性焊接的原理。
3. 电致超塑性焊接的焊接参数有哪些？
4. 电致超塑性焊接是如何受焊接参数影响的？

# 项目四
## 微连接

### 项目导入

自 20 世纪 60 年代微电子技术诞生并飞速发展以来，微电子器件封装和组装时要连接的材料尺寸越来越小，连接的过程时间越来越短，对加热能量等的控制要求越来越高，其连接界面在服役过程中受到力、热等的作用会随时间发生变化，进而影响连接的力学性能、电气性能及产品的可靠性，微连接的概念应运而生。

微连接技术是一种精密连接技术，由于连接对象的细微特征，导致了微连接工艺与普通焊接工艺具有显著的区别，因此在连接中除了必须考虑连接尺寸的精密性外，还必须考虑接合部位的尺寸效应。这种焊接领域的微连接技术，在电子产品生产工艺中又称为微电子焊接。

### 学习目标

1. 了解微连接的特点与发展形势。
2. 掌握 QFP 器件激光无铅钎焊工艺。
3. 掌握 SMT 器件红外再流焊工艺。
4. 具备电路板波峰焊工艺设计的能力。

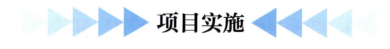

# 项目实施

## 任务 1　QFP 器件激光无铅钎焊工艺流程的确定

### 任务解析

通过完成本任务，使学生能够进一步理解激光焊、再流焊与钎焊等焊接方法与原理，并利用所掌握的知识与信息，设计 QFP 器件激光无铅钎焊工艺，分析焊接参数对焊接过程的影响，提高对焊接过程的控制与分析能力。

### 必备知识

#### 一、激光再流焊基础

在微连接技术中，软钎焊主要用于微电子器件外引线的连接。外引线连接是指微电子器件信号引出端（外引线）与印制电路板（PCB）上相应焊盘之间的连接。自 1962 年日本推出陶瓷基板球栅阵列（CBGA），1966 年美国 RCA 公司推出片式电阻、电容，1971 年 Phlips 公司正式提出表面组装（SMT）概念，到 1991 年 Motorola 公司推出树脂基板球栅阵列（PBGA），使 BGA 技术走向实用化，微电子器件的外引线连接技术完成了由通孔插装技术（THT）到 SMT 的历史性飞跃，极大地推动了微电子技术的发展。

20 世纪 80 年代中期，激光焊接作为新技术在欧洲、美国、日本受到了广泛的关注。随着工业激光产业的快速发展，市场对激光加工技术的要求越来越高，激光技术已从单一应用逐渐转向多元化应用，激光加工方面不再是单一的切割或者焊接，市场对激光加工要求切割和焊接一体化的需求也越来越多，激光切割和激光焊接的切焊一体化激光加工设备应运而生。随着激光焊接技术的不断成熟，它已逐渐应用于制造行业、电子工业、生物医学、军事航空等领域。

无铅化电子组装给传统 QFP 组装工艺带来了很多问题和挑战。目前广泛应用的几种无铅钎料的润湿性远不及传统的 Sn-Pb 共晶钎料，并且当钎焊峰值温度达到 250℃左右时，对焊盘和高含锡量钎料会产生氧化作用，影响焊点质量和可靠性。同时，容易产生桥连缺陷，导致焊点失效。因此，到目前为止，电子行业钎焊材料的无铅化问题依然存在许多需要继续完善的地方。激光再流焊因其可局部加热，对热敏感元件没有热冲击，能有效地避免无铅化带来的诸多问题而受到了广泛的关注。

激光再流焊具有其他再流焊方法无可比拟的优点，如加热区域小、加热速度快、冷却快等，因此在微电子焊接领域具有广阔的应用前景。所谓的再流焊（Reflow Soldering），就是通过加热使预置的钎料膏或钎料凸点重新熔化即再次流动，进而润湿金属焊盘表面形成牢固连接的过程。常用的再流焊热源有红外辐射、热风、热板传导和激光等，工业上应用比较成熟的再流焊方法为热风再流焊和红外再流焊。

激光再流焊方法利用了激光束优良的方向性和高功率密度的特点，通过光学系统将激光束聚焦在很小的区域，在很短的时间内使被连接处形成一个能量高度集中的局部加热区。由于激光加热过程高度局部化，不产生热应力；可以只加热被焊引线部位，不会对器件本体产生热影响，因此适合于对热敏感的器件进行组装。同时，还能细化焊点组织的结晶晶粒，从而也提高了焊点的韧性与疲劳性能。

在激光再流焊焊接中，元器件引脚或焊盘直接被激光束照射，吸收激光的能量，然后将所吸收的能量转换成热能，焊点部位迅速被加热，其温度急剧上升到钎料熔点，使钎料快速熔化。激光照射停止后，焊点部位迅速冷却，钎料凝固，形成牢固、可靠的焊接连接。影响焊接质量的主要因素是激光器的输出功率、光斑形状和大小、激光照射时间、器件引脚共面性、基板质量、钎料涂敷方式和均匀程度，以及贴装精度等。

激光焊接设备一般包括五大部分：激光器系统、电源系统、振镜扫描系统、计算机控制系统及冷却系统。激光再流焊设备如图4-1所示。

图4-1 激光再流焊设备

### 二、任务所需材料及设备

QFP封装器件：100引脚数QFP。

型号：QFP100NT-14。

普通印制电路板：FR-4板。

焊膏：Sn-Ag-Cu。

钎料：Sn63Pb37。

试验设备：NP-04M型焊膏丝网印刷机；HS-50型元器件贴片机；LY-FCDL-WS90半导体激光软钎焊系统；HT全自动红外热风再流焊炉；STR-1000微焊点强度测试仪（日本RHESCA公司生产）。

### 三、QFP贴装

QFP贴装的主要工艺流程如下所示：

#### 1. 焊膏的涂覆

通常采用丝网印刷机，采用印刷的方法将焊膏涂覆到预先设定的焊盘上，也可将贴放在其上面的元器件引线或焊端黏结在固定位置上。给相应焊盘准确地施加焊膏，是表面组装技术中的一个重要环节。

焊膏准备→安装并校准模板→调节参数→印刷焊膏→结束并清洗模板。

刚购进的焊膏应放入冰箱冷藏，试验时再将焊膏从冰箱中取出，待恢复到室温后再打开盖，然后用不锈钢棒或塑料棒进行搅拌，从而使焊膏均匀。

在模板及PCB装夹后，在PCB上放置一块带框架的透明聚酯膜，然后将焊膏印刷在聚酯膜上，透过聚酯膜调节印刷机的$X$、$Y$、$Z$、$\theta$四个参数，使聚酯膜上的焊膏图形与PCB焊膏图形相重叠，然后移开聚酯膜，并实际印刷1~2次，最后锁紧相关旋钮。

焊膏的初次使用量不宜过多，一般按PCB尺寸来估计，A5幅面约200g、B5幅面约300g、A4幅面约350g。在使用过程中不时补充新焊膏，保持焊膏在印刷时能滚动前进。

完工后，模板上未使用完的焊膏不能再放回原容器中，需单独存放。用乙醇和擦洗纸及时将模板清洗干净，并用压缩空气将模板窗口清洁干净，然后将干净的模板放在一个安全的地方。

**2. 丝网印刷机参数的调节与影响**

（1）刮刀压力　刮刀压力的大小对印刷焊膏量的多少影响较大，从而直接影响印刷质量，压力大小以保证印出的焊膏边缘清晰、表面平整、厚度适宜为准。压力越大，焊膏量越少；反之，压力越小，焊膏量越多。理想的状态为刮刀恰好将模板表面的焊膏刮干净，如果留有印痕，则容易造成桥连或焊球。

（2）刮刀速度　刮刀的速度要根据具体的PCB而定，与PCB的具体印刷精度有关，但一般情况下，使刮刀与焊膏滚动速率相同，即焊膏相对于模板没有滑动时印刷效果最好。这样可以保证焊膏充分填满开口处而不被带走，但具体数值要与刮刀压力配合设定，一般设定为2~10mm/s。

（3）离板速度　离板速度是指印刷后的模板脱离基板的速度。在焊膏与模板完全脱离之前，离板速度要慢。慢速分离有利于焊膏形成清晰的边缘，这对细间距元器件的印刷尤其重要。待完全脱离后，基板要与模板快速分离，否则将形成焊膏量不足而造成虚焊。一般把离板速度设定为0.1~0.2mm/s。

（4）间隙　一般情况下，印刷引脚间距为0.5mm的QFP器件时采用接触式印刷，即间隙为零。但在实际生产过程中发现，如果焊膏暴露于空气中的时间超过24h，则采用间隙为0.3mm印刷效果较好。

（5）焊膏印刷量　焊膏印刷是一项复杂的工艺技术，既受材料的影响，同时与设备的性能及各参数的调节有直接关系。通过对焊膏印刷中各个细小环节的控制，可以防止焊膏印刷中经常出现的错误。在一般情况下，焊盘上单位面积的焊膏量应为0.8mg/mm左右；对于细间距元器件，应为0.5mg/mm左右。焊膏覆盖焊盘的面积应在75%以上。一般情况下焊盘上焊膏的印刷厚度为0.20~0.25mm，对于细间距元器件，应为0.15mm左右。焊膏印刷后应无严重塌陷，边缘整齐，错位不大于0.1mm，基板不允许被焊膏污染。

**3. 焊膏印刷的缺陷及解决办法**

焊膏印刷生产过程中经常产生印刷不完全、拉尖、塌边、焊膏太薄、厚度不一致等缺陷，其相应的防止或解决措施如下。

（1）印刷不完全　印刷不完全是指焊盘上部分区域没有印上焊膏。其产生原因主要是开孔阻塞或部分焊膏黏在模板底部、焊膏黏度太小、焊膏中有较大尺寸的金属粉末颗粒、刮刀磨损等，可以通过清洗开孔和模板底部，选择黏度合适的焊膏，检查或更换刮刀来防止或解决。

（2）拉尖　拉尖是指丝印后焊盘上的焊膏呈小山峰形状。产生的原因是刮动间隙和焊膏黏度较大，可通过适当调小刮动间隙和选择黏度适中的焊膏来防止缺陷的产生。

（3）塌边　塌边是指印刷后焊膏向焊盘两边塌陷。防止其产生的办法有调整压力、重新固定印制板、选择黏度合适的焊膏等。

（4）焊膏太薄　可通过选择厚度合适的模板、选择颗粒度和黏度合适的焊膏、加大刮刀压力来防止。

（5）厚度不一致　通过调整模板与印制板的相应位置、印前充分搅拌焊膏，可以有效避免厚度不一致的产生。

#### 4. QFP封装器件的贴装

贴片技术就是利用贴片机把表面组装元器件，贴到印制板或基板相应部位上的技术。贴片机运行的三个基本步骤如下：

1）利用吸取头从送料器中吸取元器件。

2）在运送过程中对元器件进行校正、对中测试。

3）用适当的压力将元器件准确放置到已设定的位置上。

### 四、激光再流焊

本任务采用LY-FCDL-WS90半导体激光软钎焊系统进行元器件的钎焊。该系统由激光传输光路单元、半导体激光加热单元、六自由度工作台、工业数字摄像机及数字采集和处理单元组成。

激光再流焊是以激光束作为加热源，辐射加热引线（或电子器件的连接焊盘），通过焊膏（或预制钎料片）向基板传递热量，使钎焊区温度达到钎焊温度，焊膏熔化，钎料在基板和引线间润湿；之后停止激光照射，钎料冷却后形成焊点。

QFP器件再流焊步骤如下。

1）取出冷藏的焊膏，并搅拌使之成分均匀，呈黏稠状态，以充分发挥活性作用，备用。

2）将印制电路板固定在印刷机上，使用焊膏涂敷模具，将焊膏均匀涂在焊盘上；去掉模具，使用QFP器件吸取工具，将QFP器件贴装在印制电路板上，轻压QFP器件，使QFP器件引脚与钎料膏紧密接触。

3）打开冷却水箱，设定好冷却循环温度并预运行10~20min，同时开启控制计算机，用夹具夹牢待钎焊的QFP器件，并平置于工作台上，应用CNC控制软件调整工作台位置，对焦并使镜头对准待焊部位。

4）根据待焊的QFP器件编写工作台CNC操作程序，调整钎焊每个引线的时间，确定合适的激光参数。

5）依次打开激光器和六轴工作台的电源。

6）利用工作台空走程序检测所编程序的正确性，确定无误后开始进行钎焊，采用CNC软件控制工作台路径。

### 五、焊接质量的影响因素

#### 1. 焊膏的影响

焊膏是由锡、铅等合金钎料粉末与糊状助焊剂均匀混合而成的膏状体。焊膏在常温下有一定的黏性。钎焊细间距的器件时，选择一种品质优良的焊膏非常重要。

焊接细间距器件时，对焊膏的要求：具有良好的印刷性能；长时间存放黏度无变化；印刷后不塌边；具有优良的保形性；具有很低的氧化物含量（一般氧化物含量在 0.1% 以下）；具有良好的焊接性；不产生焊球飞溅、钎焊后残余物少、绝缘性高、清洁性好。

对细间距器件用焊膏来说，质量的关键在于焊膏中钎料的氧化物含量是否低，是否添加有合适的触变剂。细间距器件用焊膏要求粒径小，焊剂含量低。由于不论是焊膏的制作，还是在使用过程中，钎料粉末都存在氧化倾向，因此焊膏中氧化物含量的高低是焊膏质量的一个很重要的指标。此外，焊膏黏度大，在印刷过程中不易脱模，对印刷性能不利，而在焊膏中添加合适的触变剂就能很好地解决这一问题，因此是否添加有合适的触变剂也是细间距器件用焊膏质量的重要指标。

#### 2. QFP 元器件贴装精度的影响

贴片技术就是把表面组装元器件贴到印制板或基板相应部位上的技术。元器件的贴片精度主要取决于贴片机。贴片机把表面组装元器件精确地贴到基板的相应位置上，使元器件的引线与相应的焊盘对准。随着科学技术的发展，表面组装元器件在向性能更高、体积更小的方向发展，因而贴片机的发展很快，出现了各种各样的贴片机。本任务采用的是 HS-50 型元器件贴片机。

#### 3. 再流焊工艺的影响

再流焊的作用是将焊膏熔化，使表面组装元器件与 PCB 板牢固黏结在一起，是表面贴装技术特有的重要工艺。钎焊工艺质量的优劣不仅影响正常生产，也影响最终产品的质量和可靠性。在激光与金属的相互作用过程中，钎料熔化仅为其中的一种物理现象，有时光能并非主要转换为钎料熔化所需的热能，而以其他形式表现出来，如汽化等离子体等。所以，要实现良好的钎焊，就必须使钎料熔化成为能量转换的主要形式。为此，必须了解激光与金属相互作用过程中所产生的各种物理现象以及这些物理现象与激光参数的关系，从而通过控制激光参数使激光的能量绝大部分转换为金属熔化所需的能量，以达到钎焊的目的。

功率密度、激光脉冲波形、离焦量是影响钎焊质量的关键因素。此外，激光器输出功率、光斑的形状和大小、激光照射时间、器件引线共面性、引线与焊盘接触程度、电路基板的质量、钎料涂敷方式和均匀程度、器件贴装精度、钎料种类等，对钎焊的质量也有影响。

### 六、焊后清洗与焊后检测

清洗实际上是一种去除污染物的工艺。QFP 的清洗就是要去除组装后残留在 QFP 上影响其可靠性的污染物。根据清洗介质的不同，清洗技术包括溶剂清洗和水清洗两大类。本任务采用水清洗技术，具体来说是半水清洗工艺技术。半水清洗属水清洗范畴，所不同的是，清洗时加入可分离型的溶剂，清洗过程中溶剂与水形成乳化液，洗后待废液静止，可将溶剂从水中分离出来，然后再用去离子水漂洗。为提高清洗效果，可将组装元器件浸没在半水清洗溶剂中，并在浸没条件下进行喷射清洗，或在半水清洗溶剂中采用超声波清洗。

QFP 焊后质量检测主要包括外观质量检测和焊点质量检测。采用光学设备的图形放大目测技术对 QFP 进行外观质量检测，应无漏装、翘立、错位、贴错、装反、引脚上浮、润湿不良、漏焊、桥连、焊锡过量、虚焊、锡焊珠等不良现象。再利用激光/红外检测技术，对焊点进行质量检测，应无缺陷。QFP 器件激光钎焊后，对 QFP 器件按上述步骤进行检测。

### 任务布置

写出激光再流焊工艺流程，并绘制工艺流程图。

## 任务 2 电路板波峰焊工艺流程的确定

### 任务解析

波峰焊是焊接电路板上电子元器件插件的一种焊接方法。插件引脚与焊盘直接与高温液态钎料接触，达到批量快速焊接的目的。完成本任务，可以了解电路板波峰焊的原理，熟悉波峰焊设备，掌握波峰焊焊接工艺流程，了解波峰焊常见焊接缺陷产生的原因。

### 必备知识

#### 一、波峰焊原理

波峰焊是借助钎料泵的作用，将熔融钎料经过特殊设计的钎料通道喷出，熔融钎料液面形成特定形状的钎料波，安装了插装电子元器件的电路板借助传送链，按照某一特定的角度以及一定的浸入深度穿过钎料波峰，从而实现焊点连接的过程。

当被焊接的印制电路板进入波峰面前端时，基板与引脚被加热，并在未离开波峰面之前，整个印制电路板浸在熔融钎料中，在"润湿"作用下，熔融钎料与电子元器件引脚及焊盘实现桥连，印制电路板在离开波峰尾端的瞬间，焊点处的钎料由于润湿力、重力和表面张力的共同作用，黏附在焊盘上，并以电子元器件引脚线为中心收缩至最小状态，离开波峰尾部的多余钎料，由于重力的作用，回落到钎料槽中。随着温度继续降低，钎料冷却凝固并形成焊点。

#### 二、双波峰波峰焊

波峰焊有单波峰焊和双波峰焊之分。单波峰焊是指熔融钎料喷出时只形成一个波峰，一般用于只有插装电子元器件的印制电路板焊接。单波峰焊用于插装、表面贴装混装的印刷电路板焊接时，容易出现较严重的质量问题，如漏焊、桥接和焊点不充实等缺陷。为了减少漏焊、桥接和焊点不充实等缺陷的产生，采用双波峰进行焊接，即使用两个波峰对焊点进行焊接，第一个波峰较高，其作用是焊接；第二个波峰相对较平，其主要作用是对焊点进行整形。熔融钎料喷出时的波形是影响混装焊接质量的重要工艺因素，钎料波形必须适应通孔插装与贴片式元器件的混装要求，能够将钎料送入到元器件焊脚端与基板焊盘之间的焊区。早期的波峰焊多采用单波峰焊，随着高密度封装和无铅技术发展，目前在混装工艺中最常用的是双波峰焊，它是防止通孔插装元器件焊点拉尖、桥连和贴片式元器件排气效应及阴影效应的有效工艺措施。

双波峰焊有两个钎料波峰：湍流波和平滑波，如图4-2所示。焊接时，组件首先经过第一波（湍流波），再过第二波（平滑波）。湍流波从一个狭长的缝隙中喷出，以一定的压力、速度冲击着印制电路板的焊接面并进入元器件各狭小密集的焊区。湍流波能较好地渗入到一般难以进入的电子元件密集的焊区，有利于克服由于排气、遮挡形成的焊接死区，大大减少了漏焊、垂直填充不足等缺陷。有些波峰焊机的第一个波峰由一排喷嘴喷出，喷嘴同时来回运动，使得钎料波峰能够不断冲入那些不易焊接的区域。

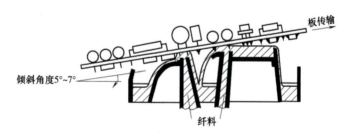

图4-2 双波峰焊示意图

但是湍流波的冲击速度快，对焊接区加热时间短，导致钎料的润湿扩展并不均匀和充分，焊点处可能出现桥连或粘连过量的钎料等现象，因此需要第二个波峰即平滑波的进一步作用。

平滑波与传统的通孔插装波峰焊的波峰类似，其波面较宽、运动速度较慢，在靠近波峰表面的中心区域，与钎料流动的相对速度可以近似为零。在这样一种相对静止的情况下，钎料能够充分润湿、扩展，有利于形成充实的焊点。当焊点离开波峰的瞬间，少量钎料黏附在焊盘和引脚之间，并收缩形成焊点，多余钎料则流回钎料槽中。经过平滑波整理后，消除了可能的拉尖、桥连，去除了多余的钎料，确保了焊接质量。

波峰焊在使用过程中的常见参数主要有以下几个：

（1）预热温度　一般设定在90~110℃，这里的"温度"是指预热后印制电路板（PCB）焊接面的实际受热温度，而不是"表显"温度。如果预热温度达不到要求，则易出焊后残留多、易产生锡珠、拉锡尖等现象。PCB的厚度、走板速度、预热区长度是影响预热温度的主要因素。

（2）液态钎料的温度　液态钎料温度过高，会增加氧化物的产量，影响焊接质量，并会增加钎料损耗。以熔点为183℃的Sn-Pb钎料为例，一般液态钎料的温度应为245~255℃，尽量不要超过260℃。

（3）链条（或称输送带）的倾角　这一倾角指的是链条（或PCB板面）与锡液平面的角度。当PCB走过锡液平面时，应保证PCB零件面与锡液平面只有一个切点，而不能是一个较大的接触面。当没有倾角或倾角过小时，易造成焊点拉尖、沾锡过多、连焊等现象；当倾角过大时，易造成焊点的"着锡"不良，甚至不能上锡等现象。

（4）风刀倾角　在波峰炉中，"风刀"的主要作用是吹去PCB板面多余的助焊剂，并使助焊剂在PCB零件面均匀涂布。一般情况下，风刀倾角应在100°左右。如果风刀倾角调整得不合理，会造成 PCB 表面焊剂过多，或涂布不均匀。在 PCB 通过预热区时，助焊剂容易滴到发热管上，影响发热管的寿命，而且会影响焊后 PCB 的表面质量，甚至可能会导致部分元件出现上锡不良等状况。因此，风刀倾角在使用过程中的维修、保养时不能随意改动。

（5）液态钎料中的杂质含量　　在普通锡铅钎料中，以锡、铅为主元素，其他少量的元素如锑（Sb）、铋（Bi）、铟（In）等为添加元素。除此以外，其他元素如铜（Cu）、铝（Al）、砷（As）等都可视为杂质元素。在所有杂质元素中，以铜对钎料性能的危害最大，在钎料使用过程中，往往会因为二次过锡（剪脚后过锡），造成液态钎料中铜杂质或其他微量元素的含量增高，虽然这部分金属元素的含量不高，但是在合金中的影响却是不可忽视的，它会严重地影响到合金的特性，主要表现为合金中出现不熔物或半熔物，以及熔点不断升高，并导致虚焊、假焊的产生；另外，杂质含量的升高会影响焊后合金晶格的形成，造成金属晶格的枝状结构，表现出来的症状有焊点表面发灰、无金属光泽，焊点粗糙等。所以，在波峰炉的使用过程中，应重点注意对波峰炉中铜等杂质含量的控制。一般情况下，当锡液中铜杂质的质量分数超过 0.3% 时，建议做清炉处理。

### 三、选择性波峰焊

随着电子产品高密度、小型化的设计要求，大量的插装元件被表面贴片元件代替，这样电路板上的插装元件越来越少，有的电路板甚至两面都布满了表面贴装元件。普通的波峰焊采用波峰大面积焊接的方式已不再适用，因为这会产生夹具制作等额外费用，甚至可能对焊接面上的 SMT 元件产生影响。对于通孔元件较少的电路板，可以考虑采用选择性波峰焊设备。1995 年，世界上第一台选择性波峰焊设备诞生，发展到现在，选择性波峰焊技术已经相对成熟。新型选择性波峰焊设备采用了多种有效的技术措施，包括助焊剂喷射位置及喷射量的精确控制、微波峰高度的精确控制、焊接位置的精确控制等、提高了高端电子产品中通孔元件的焊点质量。

**1. 选择性波峰焊设备**

一块电路板上可能存在不同的插装元件，两种或多种插装元件的上锡性能可能是不一样的，这与在电路板上的开孔大小有关系。电路板厚度大于 2.5mm 时，通孔元件上锡比较困难，采用普通波峰焊引脚上锡高度难以达到引脚高度的 50%，此时宜使用选择性波峰焊。选择性波峰焊不仅能够焊接厚度超过 2.5mm 的电路板，还可以对每一个焊点的焊接参数进行精确控制。

典型的选择性波峰焊设备 Versaflow50/60（图 4-3），具有一个助焊剂喷涂区，两个预热区和两个焊接区。机器全长 7.150m，除去前后超出机器的轨道长度后，机器全长 5.750m，机器宽（含导轨）1.740m，高 1.800m，可以对宽度为 60~500mm、长度为 120~600mm 的印制电路板进行焊接。设备能够支持的印制电路板上方间隙是 100mm，最大支持元件高度 9mm。两个预热区可以采用不同的预热温度，两个焊接区也可使用不同的焊接温度，提供了较好的工艺灵活性。例如，可以将上锡容易的元件置于第一焊接区焊接，将第二预热区的温度设置高于第一预热区，上锡较难的元件置于第二焊接区焊接。使用两个焊接区在插装元件较多时也可以提高生产率。

选择性波峰焊的具体生产流程为：助焊剂喷涂→预热→焊接→预热→焊接。

（1）助焊剂喷涂　　和普通波峰焊一样，选择性波峰焊焊接 PCB 时，也需要涂覆助焊剂，同时有利于通孔元件的上锡。和普通波峰焊不同的是，选择性波峰焊的助焊剂喷涂采用喷嘴进行定点喷涂，助焊剂的喷涂量也可以精确控制。在机器背部通常有两个助焊剂储存罐，用于储存不同类型的助焊剂。每个储存罐可以储存大概 2L 的助焊剂。在助焊剂的储存罐上有一个导管，可引出接到助焊剂喷嘴上。助焊剂喷嘴规格约 130 μm，喷涂助焊剂的速度是 1~20 mm/s，喷嘴的移动速度是 1~400 mm/s，喷涂宽度为 2~8mm。助焊剂喷涂区采用链条式传动。普通波峰焊的整个传送轨道都会倾斜 5°~7°，而选择性波峰焊的轨道倾角为 0°。

图 4-3　Versaflow50/60 机器外形

印制电路板（PCB）经链条传动进入助焊剂喷涂区，机器感应到板的存在后链条停止运动，夹板在板边位置固定住整个 PCB，然后喷嘴会根据程序中事先设定好的参数，在指定的位置喷涂定量的助焊剂。助焊剂有点喷和连喷两种喷涂方式，点喷是在一个点喷涂定量的助焊剂，连喷是指喷嘴以设定的移动速度从一个点移动到另一个点，并同时喷涂定量的助焊剂。这种选择性喷涂不仅在助焊剂使用量上比普通波峰焊节省许多，而且避免了对电路板上非焊接区的污染。

助焊剂喷涂结束后，链条继续运动，PCB 进入第一预热区。如果机器没有感应到 PCB，就会报警，并发出亮黄色警报"PCB not arrived"，这时需要检查是否发生了卡板，或者机器感应器下方是否是板子的镂空区域。

（2）预热　电路板在预热区进行预热。预热区上部采用热风回流加热，下部采用红外加热的方式。上部热风回流加热的最高可设置温度为 200℃，可设置最长加热时间是 3600s。下部红外加热共有八根四组加热管，每两根为一组，可根据需要分别打开。最高能设置的加热温度和加热时间和上部热风加热相同。采用这种热风加热和红外加热相结合的方式，可以实现高速率的加热，更加节能，基本可以保证 PCB 均匀受热。PCB 加热一定时间后，进入焊接区域。

（3）焊接　经预热的板子进入焊接区，被挡块挡住，机器感应到板子，轨道停止，夹板放下，夹住板边。锡嘴从起始位置升到一定高度后（可设置），移动到焊接位置，再升到焊接高度，同时锡波升到设置高度。点焊时，锡波接触焊接点一定时间后下降；连焊时，锡波接触焊接点一段时间后开始移动，移动到另一点并停留一定时间后下降，最后回到初始位置。

同助焊剂喷涂相类似，焊接区有一个焊锡缸储存液态焊锡，液态焊锡通过缸内的电动马达驱动，被卷上来形成一个圆柱形的锡波。锡波的高度可以控制，锡波的直径也可以通过喷嘴大小来控制。选择性波峰焊设备配有 3/6、3/4.5、4/8、6/10 等几种型号的喷嘴，3/6 指的是喷嘴的内径是 3mm，外径是 6mm；6/10 指的是喷嘴的内径是 6mm，外径是 10mm，依此类推。在喷嘴附近有一个摄像头，连接到机器上方的一个外部显示器上，可以观察到锡波的情况，也可以观察到 PCB 正在焊接时的焊接情况。在焊锡缸外部有一卷焊锡丝插入缸的内部，焊锡缸有自动加焊锡丝的机构来弥补焊锡的损耗。

选择性波峰焊需要充入氮气来保护焊接区域。与普通波峰焊不同，选择性波峰焊时将氮气充入焊锡缸内部，在液态焊锡的液面上形成一个隔离层，以保护液态焊锡不被氧化。普通波峰焊是在整个焊接区域充入氮气进行保护。对于选择性波峰焊，每小时的氮气消耗量大约为 4.0 $m^3$，而普通波峰焊时大概为 8.0 $m^3$。选择性波峰焊所需的氮气的消耗量远远小于普通波峰焊。在焊接区的上部同样有一个热风回流装置，用来保证焊接时 PCB 的温度，同时焊锡缸的温度也是可以控制的。不同于助焊剂喷涂区和预热区采用的链条式传动，焊接区采用滚轮式传动，这种传动更加平稳，避免了因为传动不稳而导致的元件抬高、倾斜等一系列焊接问题。

焊接区上方的热风加热装置与预热区的相同，最高焊接温度大约是 330℃。锡波最大高度为 5mm。和助焊剂的喷涂相类似，焊接时也有点焊和连焊两种方式。连焊时，锡嘴从一个焊接点移动到另一个焊接点，所能支持的最大速度是 10mm/s。焊接时锡嘴要从起始位置上升，使锡波能够接触到焊接点，即进行 Z 轴方向的运动。锡嘴在 Z 轴方向的运动速度最高可达 100mm/s。非焊接时，锡嘴的起始位置距 PCB 的距离为 30mm，在 X 轴、Y 轴方向的移动速度最高可达 200mm/s。受锡嘴直径的影响，焊接位置距离传送轨道边至少 3mm。通常设置安全距离为锡嘴直径的一半。

板子焊接完成后，进入第二预热区和第二焊接区。因与第一预热区和第一焊接区的功能相同，故对第二预热区和第二焊接区不做详细介绍。

**2. 焊接质量控制**

焊锡经过一段时间后，由于氧化等作用难免会产生锡渣，有些锡渣会附着在锡嘴上，从而导致锡波向某个方向偏移或焊接时锡波不稳定；再者，焊锡质量不好，会降低焊点的可靠性。选择性波峰焊时，液态焊锡经锡嘴喷出后会通过一定渠道重新流入焊锡缸，焊锡缸在设计上有过滤锡渣的作用。除此之外，当锡量不足时，机器也会自动添加锡丝，一定程度上提升了焊锡的质量。选择性波峰焊使用 SAC305 无铅焊锡时，要定时取锡样并测定其中各种元素的含量，以严格控制焊锡的质量。当焊锡不合格时，要添加焊锡条或更换焊锡。

取样时，需要检测的几种元素为：铅、银、铜、镉。其中铅和镉是欧盟 RoHS 中严令禁止的物质，但是不可能做到一点铅没有，所以每次检测时都能检测到铅元素的存在，只要不超过 0.1%（质量分数，后同）即可，但是当测定值超过 0.07% 时就需要引起注意，并要采取措施降低铅的含量。银的含量不能超过 3.4%，超过 3.3% 就需要采取措施。铜的含量控制上限是 0.9%，超过 0.8% 就要引起关注。镉元素的控制最为严格，含量控制上限是 0.002%，当含量超过 0.0018% 时就需采取措施，但实际上焊锡中很少能检测到镉的存在。

预热区可以设置上部预热温度和时间以及下部预热温度和时间，温度要根据板子的大小及厚度来设置。一般上部预热温度要高于下部预热温度，但不能相差太大，要根据实际情况来定。最高温度是 200℃，上部一般最高会设到 170℃左右，下部最高设到 150℃左右，因为要考虑到一个热冲击的问题。对于预热时间，上部和下部一般需要统一，但特别情况下可以不一样。考虑到一个板子两边温差太大会对板子造成伤害，因而两边预热时间和温度不能相差太大。下部四组发热管可根据板子的实际大小选用，实际工作的发热管必须能覆盖整块板子。当板子较小、较薄时，预热时间可以设置为 30~50；板子较大、较厚时，预热时间需设置为 60~80s。

焊接区需要设置上部加热的温度和时间、焊接温度及锡嘴型号。上部加热对焊接中的 PCB 起到保温的作用，一般温度可以比预热区上部加热温度稍低。因为要保证板子在整个焊接过程保温，所以要估算整个焊接过程耗时。锡嘴型号根据实际情况选择。焊接温度根据元件的上锡难易程度来设置，一般为280~285℃，对有些上锡特别困难的，可以提高到290~295℃。

第二预热区和第二焊接区可以参考第一预热区和第一焊接区。当因为焊点较多需提高焊接速度而选择使用第二焊接区时，第二预热区可以不选用。要注意的是，虽然不选用，但是预热区的温度必须要设置，最好设置成35℃左右，预热区会直至板子降到默认的0℃才会正常工作。如果将上锡较困难的元件放在第二焊接区，第二预热区的温度可以稍高于第一预热区，但时间要尽量短，因为经过第一预热区和焊接区的板子温度已足够高。

一般来讲，在进行炉温的设置时要综合考虑到板子的大小、厚度，元件的密集程度及通孔元件的上锡性能，还需要考虑到板子的质量，否则板子在前段已经二次回流，在经过波峰焊的时候，质量差的板子很有可能变形，导致溢锡等缺陷的发生。

在选择连焊或点焊时，要考虑锡嘴的直径，例如型号为6/10的锡嘴，几个焊点集中在10mm之内时可以考虑点焊，若有引脚接近焊接边缘，则这个引脚少锡的可能性非常大，可以考虑通过提高焊接高度或波峰高度来改善。焊接时间要根据元件的大小、吸热程度、上锡难易来设定，时间过短可能会导致拉尖或桥接；时间过长可能导致PCB起泡，元件引脚变细。下降时间和下降值也需要根据实际情况来设置，下降速度过快会导致拉尖或少锡；下降过慢可能会导致锡多。

### 四、波峰焊常见问题

#### 1. 普通波峰焊常见缺陷及解决办法

波峰炉在使用过程中，往往会出现各种各样的问题，如焊点不饱满、短路、PCB板面有残留污物、有锡渣残留、虚焊、假焊、焊后漏电等各种问题，为了解决这些问题，应该从以下几个方面着手：

1）检查液态焊锡的工作温度。因为锡炉的仪表显示温度总会与实际工作温度有一定的误差，所以在解决此类问题时，应该掌握液态焊锡的实际温度，而不应过分依赖"表显温度"。一般状况下，使用63/37比例的锡铅钎料时，建议波峰炉的工作温度为245~255℃。

2）检查PCB在浸锡前的预热温度。通常状况下，建议预热温度应为90~110℃，如果PCB上有高精密的不能受热冲击的元件，可对相关参数做适当调整。这里要求的温度也是PCB焊接面的实际受热温度，而不是"表显温度"。

3）检查助焊剂的涂布状态。无论使用何种助焊剂涂布方式，PCB在经过助焊剂的涂布区域后，整个板面的助焊剂要均匀，如果出现部分元件管脚有未浸润助焊剂的状况，则应对助焊剂的涂布量、风刀角度等进行调整。

4）检查助焊剂活性是否适当。如果助焊剂活性过强，可能会对焊接后的PCB造成腐蚀。如果助焊剂的活性不够，PCB板面的焊点则会有吃锡不满等状况。如果锡脚间连锡太多或出现短路，则表明助焊剂润湿性不够，不能使锡液较好地流动。出现以上问题时，应对助焊剂的活性及润湿性做适当调整。

5）检查锡炉输送链条的工作状态。包括链条的角度与速度两个问题，通常建议把链条角度定在 5°~6°之间，送板速度定在 1.1~1.2m/min 之间。就链条角度而言，用经验值来判断时，PCB 上板面应比锡波最高处高出 1/3 左右，使 PCB 过锡时能够推动锡液向前，这样可以保证焊点的可靠性。在不提高预热温度及焊锡工作温度的状况下，如果提高 PCB 的输送速度，会影响焊点的焊接效果。

6）如果 PCB 板面上总是有少部分元件管脚吃锡不良，这时可检查 PCB 的过锡方向及锡面高度，并辅助调整输送 PCB 的速度。如果仍解决不了此问题，可以检查元件管脚是否已经氧化。

7）当上述使用条件都在合理范围内时，如果仍出现 PCB 不间断有虚焊、假焊或其他的焊接不良状况，可检查 PCB 是否有氧化现象，板孔与管脚是否成比例等，以及 PCB 的设计、制造、保存是否合理等。

**2. 选择性波峰焊常见缺陷及解决办法**

选择性波峰焊因设备的结构与普通波峰焊略有不同，焊接过程中也会产生某些焊接缺陷，可以有针对性地采取一些措施加以避免。

（1）桥接　桥接是选择性波峰焊中一个比较常见的缺陷，元件引脚间距过小或者波峰不稳都有可能导致桥接。可能的原因为：焊接温度设置过低，焊接时间过短，焊接完成后下降时间过快，助焊剂喷涂量过少。一般这种情况下要检查波峰和确认焊件通过波峰时的坐标是否正确，可以通过提高焊接温度或预热温度、提高焊接时间、增加下降时间和提高助焊剂喷涂量的方法来改善。

（2）溢锡　发生这种情况时，一般要首先检查通孔元件是否缺失，检查板子是否有明显变形，炉温设置是否过高而导致 PCB 变形。其次要检查元件引脚直径和通孔直径之间的配合。如果通孔过大而元件引脚过细，就会导致溢锡。可以采取降低溢锡部位的波峰高度或焊接高度、降低助焊剂喷涂量等措施。

（3）上锡高度达不到　对于二级以上产品来说，这也是一个比较常见的缺陷。一般来讲，一些金属材质的大元件如电源模块等，由于它们大多与接地脚相接，散热较快，因此导致上锡困难。除此之外，焊接温度低、助焊剂喷涂量少、波峰高度低等都会导致上锡高度不够。采用提高预热和焊接温度、增加助焊剂喷涂量等方法可以解决此类问题。

（4）元件抬高　元件过轻或波峰抬高会导致波峰将元件顶上去，或者在插装元件的时候元件没有插到位、轨道传送速度过快或不稳也会导致元件歪斜和抬高。可以使用专门制作的夹具将元件压住。由于夹具会吸热，因此可能需要提高预热或焊接温度。

（5）元件缺失　检查元件缺失的情况，如果是通孔元件缺失，则可以按元件抬高的情况处理；如果是焊接面 SMT 元件缺失，要注意检查焊接时焊件通过波峰时的坐标是否有误，如是，则应修正坐标。

（6）焊点空洞　主要是由于元件引脚太短尚不能伸出通孔或元件引脚因被氧化不上锡造成的，解决方法是更换合格元件和加喷助焊剂。

（7）拉尖　这是一个和桥接一样发生频率较高的缺陷种类，预热和焊接温度过低、焊接时间太短会导致"拉尖"现象。

（8）锡珠　产生锡珠时，要检查助焊剂的质量或者检查板子表面是否沾上锡膏，或检查助焊剂的含水量。助焊剂中含水时焊接会发生炸裂而导致产生锡珠。

（9）元件引脚变细（吃脚）　可能是焊接温度过高或焊接时间过长造成的，也有可能是引脚间距太小，在焊接一个引脚时波峰带倒旁边的引脚，导致一些引脚被焊接了两次。这种情况可以通过修改焊接参数以避免引脚焊两次，引脚太近的可以一起焊接。

（10）少锡　波峰温度过低、波峰不稳、波峰高度或焊接高度太低、焊件通过波峰时的坐标有误等都会导致少锡。修正焊接参数、清洁锡嘴、提高焊接温度、提高波峰或焊接高度可以解决此缺陷。

### 任务布置

根据任务内容，撰写任务报告，写出波峰焊工艺流程，以及焊接过程中的常见问题及解决办法。

### 项目总结

微电子焊接技术是电子产品先进制造技术中的关键，是电子产品制造中电气互连的主体技术，是电子封装与组装技术发展到现阶段的代表技术，是电路模块微间距组装互连、微组件或微系统组装互连的主要技术手段。本项目通过介绍激光再流焊、波峰焊工艺要点，分析常见问题，提高了学生对微电子焊接工艺的认知。

### 复习思考题

1. 什么是表面组装技术？其特点是什么？
2. 激光再流焊的主要工艺流程是什么？
3. 什么是波峰焊？
4. 什么是选择性波峰焊？
5. 波峰焊过程中的常见问题有哪些？

# 项目五
# 先进钨极氩弧焊

## 项目导入

钨极氩弧焊，简称 TIG 焊（Tungsten Inert-Gas Arc-Welding），可以焊接诸如镍合金、铝合金、钛合金等几乎所有合金或金属，该技术已被广泛地应用于工业的各个领域。但 TIG 焊也因为有焊接速度慢、焊接熔深浅、熔敷效率低等缺点，导致 TIG 焊只适用于薄壁制件，影响了生产率，故应用受到了限制。近年来，一些新型 TIG 焊技术逐步诞生，弥补了 TIG 焊电弧能量分散、焊接熔深浅等缺点，例如活性钨极氩弧焊（Activating Flux TIG Welding，简称 A-TIG 焊）、热丝 TIG 焊（Hot-Wire TIG Welding）、TOPTIG 焊等多种先进钨极氩弧焊方法。

## 学习目标

1. 能够掌握各种先进钨极氩弧焊的基本知识。
2. 能够熟悉不同的先进钨极氩弧焊在实际生产中的优势和局限性。
3. 能够熟悉各种先进钨极氩弧焊焊接设备的组成。
4. 能够掌握各种先进钨极氩弧焊主要工艺参数及其对焊缝成形的影响。
5. 根据典型应用举例，熟悉先进钨极氩弧焊工艺过程。
6. 通过项目学习，能够初步掌握各种先进钨极氩弧焊焊接方法的基本操作。

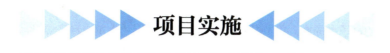

## 任务 1　A-TIG 焊工艺的应用

### 任务解析

通过完成本任务，使学生能够初步掌握 A-TIG 焊技术，掌握 A-TIG 焊的原理及优点，熟悉 A-TIG 焊的应用情况；能够根据所学知识掌握 A-TIG 焊操作方法，了解 A-TIG 焊中焊接活性剂的基本知识和成形效果，了解 A-TIG 焊熔深增强机理。

### 必备知识

#### 一、A-TIG 焊的原理、优点及应用

（一）A-TIG 焊的原理

所谓活性钨极氩弧焊（Activating Flux TIG Welding，简称 A-TIG 焊），指"活性化 TIG 焊"。活性化焊接是把某种物质成分的活性剂涂敷在母材焊接区，并在正常规范下完成焊接的新型焊接方法。使用活性剂可以使焊缝熔深比常规 TIG 焊增加 1～2 倍，可实现单面焊双面成形，大大提高了焊接效率，降低了焊接成本。

与常规 TIG 焊相比，活性化焊接突出的优点是在同等规范下能够获得较大的熔深，对于 6mm 厚的不锈钢板，普通 TIG 焊单道焊一次焊接的熔深最多可达到 3mm，而 A-TIG 焊能够一次焊透，对焊接效率的提高非常明显。图 5-1 所示为常规 TIG 焊与 A-TIG 焊示意图。

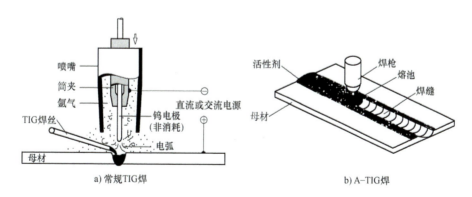

图 5-1　常规 TIG 焊与 A-TIG 焊示意图

（二）A-TIG 焊的优点

1）在 A-TIG 焊接工艺中可以不开设坡口，焊接时无须填加焊丝即可满足焊接要求。

2）与传统手工电弧焊、钨极氩弧焊等方法比较，A-TIG 焊具有焊缝熔深大、生产率高、质量可靠的优点。图 5-2 所示为常规 TIG 焊与 A-TIG 焊熔化效率对比。

3）与先进的电子束焊接、激光焊接相比，A-TIG 焊因活性剂原料来源丰富、价格经济，不用专门购买昂贵的专用焊接设备等优点，使其具有良好的应用前景和经济效益。

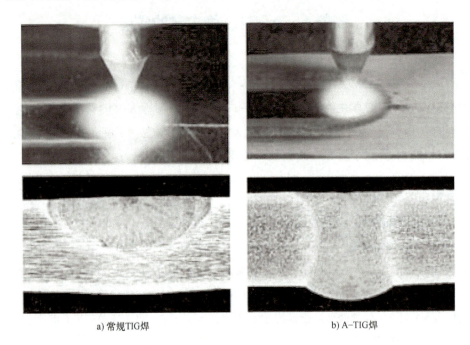

a) 常规TIG焊　　　　　　　　b) A-TIG焊

图 5-2　常规 TIG 焊与 A-TIG 焊熔化效率对比

4）可减少焊接变形。与传统的开坡口多层多道 TIG 焊相比，A-TIG 焊采用不开坡口直接对接焊接，焊道收缩量很小，焊后变形因而减少。对于薄板而言，A-TIG 焊由于减少了热输入，也相应地减小了焊接变形，如图 5-3 所示。

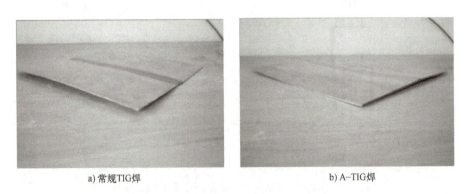

a) 常规TIG焊　　　　　　　　b) A-TIG焊

图 5-3　常规 TIG 焊与 A-TIG 焊焊接变形对比

5）消除了各炉次钢板由于微量元素差异而造成的焊缝熔深差异。例如，传统 TIG 焊焊接低硫（质量分数 <0.002%）不锈钢时，熔深通常较浅，而采用 A-TIG 焊，则可以获得熔深大的焊缝。

A-TIG 焊得到的焊缝，其正反面熔化宽度比例更趋合理，熔宽均匀稳定，由于焊件散热条件或者夹具（内涨环）压紧程度不一致所导致的背面出现蛇形焊道及不均匀熔透（或非对称焊缝）的程度减低，因此对保证焊缝使用性能有利。

### （三）A-TIG焊的应用

A-TIG焊技术作为一种新型先进材料连接技术，已经成功应用在电力、汽车、船舶、航天、化工等重要工业领域中。目前A-TIG焊已经可以成功地用于焊接碳钢、不锈钢、钛合金和镍基合金等金属材料，尤其是焊接需要单面焊双面成形的大厚板或管道试件，可以形成具有良好的反面成形的焊缝，这一独特的优点是其他常规焊接方法所不能比拟的。

**1. 在管道全位置焊接中的应用情况**

核电、锅炉、压力容器等工业领域的管道全位置焊接包括平焊、上坡焊、下坡焊、仰焊等过程，传统焊接方法由于焊缝成形条件不断变化，焊接熔池在各点受力不均匀，易出现飞溅、烧损管口等缺陷，而且填充坡口所需的焊丝量较大，这成为全位置焊接发展的瓶颈。而将活性剂刷涂于待焊焊道表面，使用全位置焊机进行焊接，可以一次焊透，突破了全位置焊机只能焊接薄壁管和焊接厚壁管时需开坡口的局限性，减小了焊丝填充量，可以高效率地实现全位置自动化焊接单面焊双面成形，如图5-4所示。

图5-4　A-TIG焊在压力管道全位置焊接中的应用

**2. 在窄间隙焊接中的应用情况**

随着现代工业设备的日趋大型化发展，厚板、超厚板焊接金属结构的应用也越来越广泛。压力容器、锅炉、重型机械、海洋结构和造船、核电站主回路等设备的制造过程中经常需要焊接厚度大于50mm的大厚板，窄间隙A-TIG焊因焊接热输入小、电弧稳定性好、焊接缺陷少、焊缝强度高等优点，焊接时可以大幅度减小坡口间隙。目前的A-TIG焊工艺已经可以实现对不锈钢、高温合金、易氧化的非铁金属及其合金、钛及钛合金以及难熔的活性金属等材料的窄间隙焊接。兰州理工大学、哈尔滨工业大学、宝山钢铁股份有限公司等在这方面进行了积极的探索，其科研成果在一定程度上推动了国内TIG窄间隙活性焊接技术的进步。而作为窄间隙焊接关键技术的窄间隙TIG焊枪，目前市场上已有性能优良的成熟产品提供，比较好的厂家有法国Polysoude公司、瑞典ESAB公司、加拿大Liburdi公司及日本Babcock-Hitachi公司等，其中法国Polysoude公司的产品在国际市场上占有较大的份额。国内生产普通TIG焊枪的厂家众多，但生产高质量的窄间隙

TIG 焊枪的厂家较少，在国内市场空间的占有率较低。图 5-5 所示为 A-TIG 焊在核电设备窄间隙焊接中的应用。

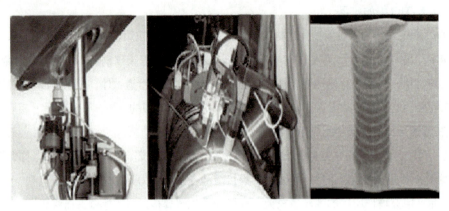

图 5-5　A-TIG 焊在核电设备窄间隙焊接中的应用

### 3. 在其他特种焊接形式中的应用情况

A-TIG 焊在连续焊接中已经有很成功的应用，但在点焊方面的应用研究不多。A-TIG 点焊作为一种点焊新方式，具有 A-TIG 焊的众多优点，在相同厚度下由于活性剂的熔深增加作用，所需的热输入减少，热影响区小，焊接变形小，焊接质量较高。其所需的设备简单、耗电少、操作简单、易于实现自动化，适用于焊接不锈钢薄板结构及对热敏感材料的焊接，尤其适合于厚度相差非常大的焊件焊接及异种钢材的搭接焊。

兰州理工大学将 A-TIG 点焊应用于低碳钢和不锈钢的搭接，得出 A-TIG 点焊法的最佳工艺参数并制订了活性焊接工艺规程；中国第一重型机械股份公司将 A-TIG 点焊用于 Q235A 碳钢上，探讨了焊接电流、弧长和点焊时间等参数对焊点成形的影响。在技术探索方面，活性点焊技术已经在汽车工业中替代了部分电阻点焊、激光点焊等点焊方法。相信随着将来对活性点焊法的深入研究，活性点焊法将成为航空航天、精密电子器件、汽车船舶等领域的一种具有广阔应用前景的工业制造技术。

## 二、A-TIG 焊中焊接活性剂的研究与应用

### （一）焊接活性剂的研究

目前，A-TIG 焊可以用于碳钢、钛合金、不锈钢、镍基合金、铜镍合金的焊接，而活性剂的成分和配方是 A-TIG 焊的关键技术。虽然活性剂在国外已有比较成熟的应用，但由于这种技术的重要性，公开出版物上关于活性剂配方的报道很少。目前常用的活性剂成分主要有氧化物、氯化物和氟化物。不同的材料，其适用的活性剂成分不同。

对于不锈钢，一些金属和非金属氧化物，如 $SiO_2$、$TiO_2$、$Fe_2O_3$ 和 $Cr_2O_3$，都能有效地增加熔深。而对于钛合金，一些卤化物，如 $CaF_2$、$NaF$、$CaCl_2$ 和 $AlF_3$，能起到相同的作用。苏联也有报道，氧化物和氟化物的混合物能增加碳锰钢的熔深，其活性剂的配方（质量分数）大致为 $SiO_2$（57.3%）、$NaF$（6.4%）、$TiO_2$（13.6%）、Ti 粉（13.6%）、$Cr_2O_3$（9.1%）。

目前，国外从事 A-TIG 焊商业化应用的厂商主要有 PWI 和美国爱迪生焊接研究所（EWI）。

PWI 提供的活性剂以喷雾器形式分装，或者为膏状（活性剂粉末与丙酮的混合溶液）。后者可以通过刷子涂敷到焊缝的表面。EWI 的活性剂是以粉末形式提供，在使用前用异丙醇稀释，然后涂敷到焊缝表面，异丙醇挥发后活性剂黏附在焊件表面。EWI 同样也研制了类似于记号笔的装置，可直接将活性剂涂敷到焊缝表面。

英国焊接研究所（TWI）于 2006 年也开发出了用于不锈钢的活性剂，它摒弃了丙酮或者异丙醇溶剂，采用水溶性溶剂，降低了活性剂的应用成本。

国内的高校如哈尔滨工业大学、兰州理工大学等也于 1999 年开始开展了 A-TIG 焊活性剂的研究与开发工作，主要针对的材料包括不锈钢、低碳钢、钛合金、镁合金、铝合金和镍基合金。近年来，西北工业大学在激光及激光电弧复合焊中也采用了活性剂，取得了一定的效果。

图 5-6 所示为各种单一成分活性剂在相同焊接参数下的熔深增加效果照片。从图中可以看出，氧化物和氟化物均能增加焊缝的熔深，但熔深的增加程度不同，氧化物的作用效果更明显。

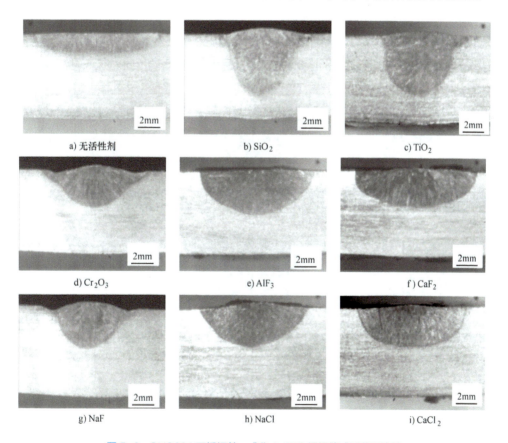

图 5-6　SUS304 不锈钢单一成分 A-TIG 焊焊缝成形截面比较

目前的活性剂在实际生产中多是复合活性剂。将氧化物、氯化物和氟化物等单一活性剂成分按一定配比进行组合，形成复合活性剂，综合考虑熔深、焊缝成形、焊缝性能等因素，通过正交试验或均匀试验方法，即可配制出多组元活性剂配方，再进行 TIG 焊，便可得到适合实际生产的焊缝成形效果。

### （二）焊接活性剂的应用

#### 1. 不锈钢

哈尔滨工业大学采用自行研制的不锈钢活性剂焊接了 5mm 厚 SUS304 不锈钢，并将此应用到了航天产品的焊接中。图 5-7 所示为焊接试板照片，采用填丝 TIG 焊，在试板右侧涂敷活性剂，左侧不涂敷，采用相同参数单道焊接。试验结果表明，没有涂敷活性剂的部位背面没有焊透，正面熔宽比 A-TIG 焊熔宽大。

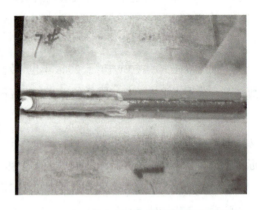

图 5-7  5mm 厚 SUS304 不锈钢焊接试板照片

#### 2. 钛合金

由于钛合金在高温下对氧元素比较敏感，因此钛合金活性剂的主要成分由卤化物组成。

图 5-8 所示为各种单一成分卤化物在相同焊接参数下对厚度为 3mm 的 TC4 钛合金的作用效果。与不锈钢活性剂类似，不同成分的活性剂对熔深增加程度的影响不同。

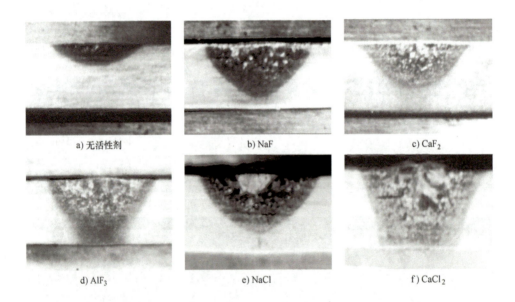

图 5-8  3mm 厚 TC4 钛合金焊接焊缝成形截面比较

#### 3. 镍基合金

镍基合金焊接活性剂的主要成分为氧化物，也有的活性剂采用卤化物。

图 5-9 所示为各种单一成分活性剂在相同焊接参数下焊接镍基合金的作用效果，不同成分的活性剂对熔深增加程度的影响不同。

### （三）活性剂在其他焊接方法中的应用

活性剂在钎焊、激光焊、活性电子束焊以及活性等离子弧焊等其他活性焊接方法的研究，现阶段才刚刚起步，大部分尚处于试验研究阶段。国内有学者曾引进美国爱迪生焊接研究所开

　　a) 无活性剂　　　　b) CaO　　　　c) AlF₃　　　　d) MgF₂

图 5-9　单一成分活性剂在相同焊接参数下焊接镍基合金的焊缝成形截面比较

发的 SS7 系列活性剂用于不锈钢 YAG 激光焊，可显著增加熔深，大幅度减小熔宽，且获得良好的表面成形。也有学者专门探索了氧化物活性剂对真空电子束焊的影响规律，进而提出活性电子束焊，并开发出了以氧化物为主的低碳钢和不锈钢活性电子束焊活性剂，且已申请国家发明专利。

### 1. 活性剂在钎焊中的应用

　　在陶瓷与金属的连接技术中，采用活性金属钎焊法可以保证连接强度、低成本和高效可靠。这种方法通常采用含有适量活性元素（Ag-Cu-Ti 合金）的特殊钎料，在真空条件下直接连接。钎焊过程中，钎料中的活性元素在一定温度下与陶瓷发生冶金反应，在陶瓷/钎料界面上形成一定厚度的能被金属钎料润湿的过渡层，从而实现陶瓷与金属的化学结合。

　　在陶瓷表面通过溅射法形成 Ti 膜，然后用 Ag-Cu 焊料进行封接也是一种有效的活性封接方法，即溅射镀膜金属化焊接工艺。该方法比较适用于氮化物陶瓷等反应活性低的陶瓷与金属的封接，以及宝石与陶瓷的封接。由于该方法形成的合金界面很薄，而且焊接后不会形成脆性 Cu-Ti 合金层，Ag-Cu 焊料仍然保持原有的共晶组织结构，因此是一种高可靠性的陶瓷与金属封接方法。

### 2. 活性剂在激光焊中的应用

　　在 $CO_2$ 激光焊中应用活性剂，在某种程度上可以提高焊缝熔深，使"盆碗"形状的焊缝截面变为"柱形"。这说明激光焊焊接不锈钢的过程中，活性剂能使更多的激光能量以接近线热源的形式被焊件吸收，在 Nd：YAG 激光焊焊接过程中，活性剂使焊缝表面宽度减小，焊缝成形得到改善。

　　此外，由于卤族元素化合物对电子具有很强的亲和力，并且具有很好的吸热能力，使焊件得到了更多的入射激光能量，有利于焊接熔深增加。

### 3. 活性剂在 $CO_2$ 气体保护焊中的应用

　　在 $CO_2$ 气体保护焊中使用活化焊丝，可以解决飞溅问题。在活化焊丝中，由于加入了 $K_2CO_3$、$Na_2CO_3$、$TiO_2$ 等活性剂，大大降低了混合气体的有效电离电压，使电弧气氛中产生带电粒子比较容易。活性剂的加入为活化焊丝喷射过渡准备了条件，使得活化焊丝熔滴以细小颗粒过渡。活化焊丝中，由于加入的活性剂含有钾、钠离子，而钾和钠蒸气的热导率在 2000～3000K 范围内比 $CO_2$ 的热导率低 1～2 个数量级，这样低的热导率大大减小了电弧的径向热耗散，促使弧柱扩展，故而在电弧形态上就呈现为电弧范围较大、弧根扩展、热量分布均匀；同时，活性剂可降低表面张力，细化熔滴，缩短熔滴的存在时间，降低电弧气体的有效电离电位，促进弧根扩展，使电弧收缩力的轴向分力变成推动熔滴过渡的力,因此活性剂不仅可大幅降低飞溅率,而且使大颗粒飞溅比例下降。

**4. 活性剂在电子束焊中的应用**

将活性剂用于电子束焊是目前活性焊研究的一个重要分支领域。C.R.Heiple、S.W.Pierce、D.S.Howse 等人相继在这方面做了大量的探索工作,发现活性剂对电子束焊的熔深影响很显著。活性电子束焊相比普通电子束焊有以下优点:

1)使用活性剂可以大幅增加电子束焊的熔深,且熔池上部宽度明显减小,使焊缝更易获得理想成形。

2)$SiO_2$、$TiO_2$ 和 $Cr_2O_3$ 单组元活性剂对电子束焊的熔深增加有影响。

3)由 $SiO_2$、$TiO_2$ 和 $Cr_2O_3$ 等组成的不锈钢电子束焊活性剂,可使散焦电子束焊熔深增加2倍多。

4)使用活性剂后,聚焦电流和束流对电子束焊熔深增加有影响。

### 三、A-TIG 焊的操作方法

#### (一)A-TIG 焊单元组成

A-TIG 焊单元包括常规 TIG 焊设备、活性剂和辅助装置。其中活性剂的涂覆方式包括手工刷涂法、机械喷涂法、压力气雾罐喷涂,也可采用活性药芯焊丝或药皮焊条,如图 5-10 所示。目前大部分商业化活性剂均以粉末形式提供。施焊之前,首先用溶剂(目前常用的溶剂种类有丙酮和异丙醇)将活性剂粉末调成糊状,然后将其均匀地涂在焊缝上。涂敷时,可以用刷子刷,也可以喷涂。丙酮挥发性很强,能在几分钟内挥发干净,只剩下活性剂粉末附着在焊件表面,PWI 也

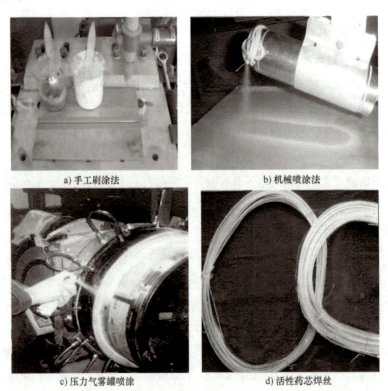

a)手工刷涂法　　b)机械喷涂法
c)压力气雾罐喷涂　　d)活性药芯焊丝

图 5-10　活性剂的涂覆方式及活性药芯焊丝

提供了气雾罐式喷涂方式。哈尔滨工业大学研制了机械式气雾喷涂装置，并考察了喷涂参数对喷涂质量的影响，在相同的液体浓度下，喷涂厚度随着速度的加快而减小，随着压力的增加而增加。在相同的速度和压力下，喷涂厚度随粉末含量的增高而增大。根据喷涂厚度的要求，选用粉末质量分数为 10% 的溶液，当喷涂压力为 0.15 ~ 0.3MPa，喷涂速度为 0.8 ~ 1.5m/min 时，可以获得满足要求的喷涂厚度。

### （二）A-TIG 焊手工刷涂法操作

#### 1. 焊前准备

焊前清理：清理主要分三个步骤，首先用砂轮机对母材表面待焊区进行打磨，直至露出金属光泽，随后蘸取酒精进行反复擦拭，再用干净的无棉布将酒精与污渍一同拭去，将清理干净的试板放在指定位置准备下一步操作。

活性剂调配及涂覆：不同的活性剂，其粉末颗粒大小存在差异，颗粒较大会影响焊接效果。因此，首先要对活性剂进行研磨，然后进行筛滤，筛网大小采用 200 目。随后将不同的活性剂保存在干燥的试剂瓶中并贴上标签封存。由于粉末状的活性剂有可能吸潮，从而在焊接过程中引起气孔等缺陷，因此，在使用活性剂前，若发现有活性剂因吸潮呈颗粒状，可将其置于烧杯中，再放入烘箱内处于 100℃ 温度下烘干半小时，可反复操作，直至颗粒消失，水分尽除。

取适量的活性剂放入烧杯中，加入适量无水酒精进行搅拌使之成为糊状，随后用扁平毛刷将活性剂均匀涂覆在焊道上，活性剂涂覆厚度以覆盖金属表面光泽即可。在活性剂涂覆的试板上做好标记加以区分，待酒精挥发后即可进行焊接试验。

#### 2. 焊接过程

将已经涂覆好活性剂的试板，用 TIG 焊焊接设备完成焊接操作即可。

### 四、A-TIG 焊的熔深增加机理

活性剂增加焊缝熔深机理的研究是 A-TIG 焊研究的基础，尽管目前 A-TIG 焊在工业领域得到较为广泛的应用，并且还在不断扩展，但对于 A-TIG 焊活性剂增加焊缝熔深机理的研究工作，仍然是不够深入和系统。从 20 世纪 60 年代中期 S.M.Gvrevich 发表第一篇关于使用活性剂来焊接钛合金的文章以来，人们就一直对活性剂增加焊缝熔深机理进行不懈的探索和研究，目前已成为国际上 A-TIG 焊领域的一个研究热点，根据之前对活性剂增加钛合金和不锈钢熔深机理的研究，先后出现了不少理论，其中最有代表性的是"电弧收缩理论"和"表面张力梯度改变理论"。

### （一）电弧收缩理论

电弧收缩现象是乌克兰学者在研究钛合金活性焊时观察到的，于是提出了一种所谓的"电弧收缩理论"，如图 5-11 所示。该理论认为：在焊接电弧的作用下，蒸发的活性剂分子通过捕捉电弧外围区的电子而使电弧收缩。电弧收缩导致电弧导电面积减小，电流密度增加，从而使得电弧力和熔池内的劳伦兹力增加，最终导致焊缝熔深增加。综合不同研究者的研究结果，导致电弧收缩的原因主要有三方面：

1）在电弧中心区域，温度高于活性剂材料分子的分解温度，气体和活性剂原子被电离成电子

和正离子，而在仍然温度较低的弧柱外围区域，被蒸发的物质仍然以分子和原子形式存在，运动速度较慢，容易捕捉电子而形成负离子，使外围区域作为主要导电物质的电子数量减小，导电能力下降，使得电弧收缩。

2）由于所使用的活性剂各组元多为多原子分子，所以在电弧气氛下容易发生热解离，而热解离过程为吸热反应，根据最小电压原理，使得电弧收缩。

3）与金属材料相比，活性剂材料的电导率都很低，熔点、沸点很高，所以只有在电弧中心温度较高的区域才有金属和活性剂的蒸发，形成阳极斑点。也就是说，由于活性剂的存在，减小了阳极斑点区的面积，从而使得电弧收缩。

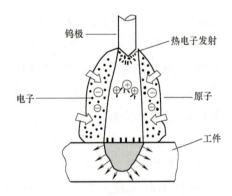

图 5-11　电弧收缩结构图

### （二）表面张力梯度改变理论

目前国内外焊接学者对熔池表面张力的影响进行了大量、广泛而深入的研究，Heiple 和 Roper 在添加硒作微量活性元素研究不锈钢 GTAW 焊、激光焊和电子束焊时，发现硒元素对 GTAW 和激光焊焊缝的几何形状产生较大影响，对电子束焊焊缝的几何形状也产生影响，只是跟前两者比较起来影响较小。而在激光和电子束的穿孔型焊接中，这种影响很小，可以忽略。这一发现促使他们提出一种全新的理论来解释活性剂影响焊缝成形及熔深的机理，即所谓的"表面张力梯度改变理论"。

该理论认为：在活性焊接过程中，熔池金属的流动状态对所形成的焊缝熔深起相当大的作用。在 TIG 焊中，当熔池表面不含氧、硫等表面活性元素时，表面张力温度梯度为负，即 $d\sigma/dt<0$，表面张力随温度的增加而减小，促使熔池表面形成从中心向周边的对流（马兰戈尼效应），从而得到宽而浅的焊缝；而当熔池表面存在氧、硫等表面活性元素或处在活性焊接氛围中时，表面张力将减小，表面张力温度梯度变为正，也即 $d\sigma/dt>0$，表面张力随温度的增加而增大，熔池内的液态金属，由于马兰戈尼效应，对流方向变为从周边向中心。从而得到窄而深的焊缝，如图 5-12 所示。Katayama 等人使用钨粒子作为示踪原子，用微焦 X 射线实时成像系统对含 S 量不同的两种不锈钢进行了定点和移动 TIG 焊熔池行为研究，证实了当含 S 量较低时在熔池的中心金属从熔池底部向熔池表面流动，而当含 S 量较高时金属是从熔池表面向熔池底部流动的。Tanaka 等人用光谱仪测量了以 $TiO_2$ 作为活性剂时不锈钢 TIG 焊的电弧光谱谱线分布情况，在电弧中并没有检测到 $TiO_2$ 活性剂原子的存在，表明活性剂的蒸发对电弧收缩并未产生影响。通过测量熔池表面温度发现有活性剂时的温度分布较陡。

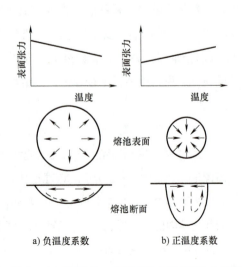

图 5-12　表面张力 – 温度系数与熔化形态的关系

## 任务布置

了解 A-TIG 焊的熔深增加机理，写出常见合金焊接过程中对熔深影响效果明显的活性成分。可扫描二维码查看任务相关资源。

A-TIG 与普通 TIG 对比试验

A-TIG 板材 6mm 拼接焊前准备

A-TIG 板材 6mm 拼接焊前涂敷活性剂

A-TIG 板材 6mm 拼接无填丝焊接

A-TIG 板材 6mm 拼接填丝焊接

## 任务 2　热丝 TIG 焊技术应用

### 任务解析

通过完成本任务，学生能够初步掌握热丝 TIG 焊技术，掌握热丝 TIG 焊的原理及优点，熟悉热丝 TIG 焊的应用情况，熟悉热丝 TIG 焊焊丝加热方法。

### 必备知识

#### 一、热丝 TIG 焊的原理、优点及应用

传统的 TIG 焊由于其电极载流能力有限，电弧功率受到限制，焊缝熔深浅，焊接速度低。尤其对中等厚度（10mm 左右）的焊接结构需要开坡口和多层焊，焊接效率低的缺点更为突出。因此，多年来许多研究都集中在如何提高 TIG 焊的焊接效率上。热丝 TIG 焊就是为了提高 TIG 焊的焊接效率发展起来的一种新工艺。

**1. 热丝 TIG 焊原理**

热丝 TIG 焊是利用附加电源预先加热填充焊丝，从而提高焊丝的熔化速度，增加熔敷金属量，达到生产高效率的一种 TIG 焊方法。其原理如图 5-13 所示，在普通 TIG 焊的基础上，以与钨极成 40°～60° 角从电弧的后方向熔池输送一根焊丝，在焊丝进入熔池之前约 100mm 处由附加电源通过导电块对焊丝通电，使其产生电阻热，以提高热输入，增加焊丝熔化速度，从而提高焊接速度。

与普通 TIG 焊相比，由于热丝 TIG 焊大大提高了热量输入，因此适合于焊接中等厚度

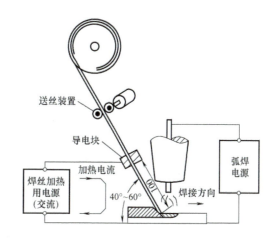

图 5-13　热丝 TIG 焊原理

的焊接结构，同时又保持了 TIG 焊具有高质量焊缝的特点。热丝 TIG 焊明显地提高了熔敷率，使焊丝熔化速度增加至 20～50g/min。在相同电流的情况下焊接速度可提高一倍以上，达到 100～300mm/min。与 MIG 焊相比，其熔敷率相差不大，但是热丝 TIG 焊的送丝速度独立于焊接电流之外，因此能够更好地控制焊缝成形。对于开坡口的焊缝，其侧壁的熔合性比 MIG 焊好得多。

### 2. 热丝 TIG 焊的优点

热丝 TIG 焊的优点如下：

1）保留了电弧稳定、焊缝性能优良、无飞溅等 TIG 焊的所有优点。

2）提高了熔敷率和焊接效率。热丝 TIG 焊时焊丝在被送入熔池前加热到 300～500℃，从电弧获取的能量少，从而使熔敷效率比冷丝焊提高 3～5 倍，焊接效率大大提高，与 MIG 焊相仿。焊丝熔化速度增加达 20～50g/min。在相同电流的情况下焊接速度可提高一倍以上，达到 100～300mm/min。

3）可减少焊接变形。热丝焊是熔化预热后的填充金属，总的热输入减少，有利于限制焊接变形。

4）可降低焊接缺陷。焊缝成形美观、均匀，无气孔、未焊透等缺陷。焊接高性能材料常因焊丝表面沾染氢气而产生气孔，而热丝焊时焊丝温度高，其表面水分及污物被去除，使氢气孔大大减少。

热丝 TIG 焊的送丝速度独立于焊接电流之外，因此也就能够更好地控制焊缝成形，对于开坡口的焊缝，其侧壁熔合性比 MIG 焊好得多。

5）熔池过热度低，合金元素烧损少。

图 5-14　热丝 TIG 焊焊枪

传统的热丝 TIG 焊枪及导丝装置一般安装于自动焊机器人或专机上。图 5-14 所示为装夹在焊机上的热丝 TIG 焊焊枪。

### 3. 热丝 TIG 焊存在的问题

热丝 TIG 焊时，由于受流过焊丝的电流所产生的磁场的影响，电弧产生磁偏吹，即电弧沿焊缝做纵向偏摆。为此，应采用交流电源加热填充焊丝以减少磁偏吹。在这种情况下，当加热电流不超过焊接电流的 60% 时，电弧摆动的幅度可以被限制在 30° 左右。为了使焊丝加热电流不超过焊接电流的 60%，通常焊丝的最大直径为 1.2mm。如果焊丝过粗，由于电阻小需增加加热电流，这对防止磁偏吹是不利的。

### 4. 热丝 TIG 焊的应用

热丝 TIG 焊已成功地用于焊接碳钢、低合金钢、不锈钢、镍和钛等。但对于高导电性材料如铝和铜，由于电阻率小，需要很大的加热电流，会造成过大的磁偏吹，影响焊接质量，则不适宜采用这种方法。

表 5-1 是使用冷丝和热丝两种不同方法焊接窄间隙试件时焊接参数的比较,可以看出,热丝 TIG 焊的焊接速度整整提高一倍。此外,热丝法还可以减少焊缝中的裂纹。可以预料,热丝焊方法在海底管线、油气输送管线、压力容器及堆焊等领域中的应用将会进一步扩大,是一种很有发展前途的焊接方法。

表 5-1　冷丝 TIG 与热丝 TIG 窄间隙焊焊接参数比较

| | | 焊层 | 1 | 2 | 3 | 4 | 5 | 6 |
|---|---|---|---|---|---|---|---|---|
| 冷丝 | | 焊接电流/A | 300 | 350 | 350 | 350 | 300 | 330 |
| | | 焊接速度/(mm·min$^{-1}$) | 100 | 100 | 100 | 100 | 100 | 100 |
| | | 送丝速度/(m·min$^{-1}$) | 1.5 | 2 | 2 | 2 | 2 | 2.7 |
| 热丝 | | 焊层 | 1 | 2 | 3 | 4 | 5 | |
| | | 焊接电流/A | 300 | 350 | 350 | 310 | 310 | |
| | | 焊接速度/(mm·min$^{-1}$) | 200 | 200 | 200 | 200 | 200 | |
| | | 送丝速度/(m·min$^{-1}$) | 3 | 4 | 4 | 4 | 4 | |

## 二、热丝 TIG 焊焊丝加热方法

### 1. 电阻加热预热焊丝

通过调节热丝电源的电流值,可以调整预热焊丝的温度。在电阻加热焊丝时,送丝速度必须与热丝电流相匹配,以保证焊丝在进入熔池时即被熔化。由于焊丝加热电流只有在焊丝与焊件接触时才形成,因此需要对焊丝加热及送进过程进行控制,以保证焊丝连续地送入熔池中。两项参数如果不匹配,则会影响焊接过程。热丝电流过高,会导致焊丝在送入熔池之前已经熔化成球状,导致焊丝与熔池脱离接触,热丝电流中断,形成不连续焊缝;反之,热丝电流过低,会使焊丝插入熔池,发生固态短路。热丝过程的另一个重要参数是送丝嘴到焊件的距离,也就是焊丝电阻产热部分的伸出长度,实践中该参数通常为 15～50mm。

### 2. 氩弧加热预热焊丝

采用电阻加热预热焊丝适用于碳钢、不锈钢等高电阻率材料,但很难应用于铝、铜等电阻率低的材料。哈尔滨工业大学的吕世雄提出了采用氩弧预热铝、铜等低电阻率焊丝的新方法(ZL200510009921.5)。

其原理如下:采用氩气保护的电弧作为加热源,将输出电流可控的 TIG 电源的一端接于焊枪上,另一端接于送丝机的送丝嘴处,在其间引燃电弧加热焊丝。采用这种加热方法,可通过调节输出电流,将焊丝预热到 100~800℃,而且由于采用电弧作为热源,不受材料电阻率的影响,可加热包括铝、铜等在内的材料,也可加热其他电阻加热的材料。采用氩气保护,避免了被加热焊丝的氧化。根据不同的电弧输出功率,可得到的热丝温度范围比传统加热方式大大拓宽。氩弧加热焊丝实物图如图 5-14 所示,原理图如图 5-15 所示。

氩弧加热预热焊丝的优点如下:

1）同电阻加热设备相比，成本低。

2）热丝加热效率高。

3）可以同时利用阴极清理作用去除铝焊丝表面的氧化膜。

4）磁场对电弧的影响很小。

5）适用于所有材质的焊丝，特别是有色金属。

6）热丝电流很小，能耗低。在电流为35A、送丝速度为2m/min时，加热温度可达920℃。

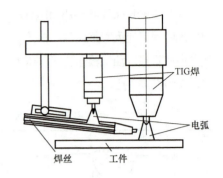

图5-15 电弧热丝原理图

**3. 高频感应加热焊丝**

利用焊丝自身电阻产热来预热焊丝存在一些不足之处，一是焊丝的温度不易控制，影响焊接效率和焊缝的质量；二是在焊件和焊丝之间存在一条与焊接主回路相邻的热丝电流回路，焊接电弧受到该回路磁场洛伦兹力的作用而偏离原来的方向，产生磁偏吹，对焊缝形状和电弧的准确定位产生不利的影响；三是对铝及铝合金这一类电阻率较低的焊丝，电阻加热效率低，焊丝很难达到合适的温度，所以传统热丝TIG焊不适合铝、铜等合金的焊接。

高频感应加热焊丝采用高频感应加热设备，借助高频交变的电磁场，在焊丝表面近层形成高密度的涡流，从而加热焊丝。图5-16是高频感应热丝TIG焊的原理图。

与传统热丝TIG焊相比，高频感应加热热丝TIG焊有以下特点：

1）用高频感应加热代替原有的电阻加热的方法，通过电磁感应对焊丝进行预热，从而提高TIG焊的焊接效率。

2）适用于各种金属材质的焊丝，特别是低电阻率焊丝的加热。

3）没有旁路电流磁场干扰，消除了磁偏吹现象。

4）通过对高频输出电流的控制可以精确地控制焊丝的温度；通过改变输出振荡频率，利用高频感应趋肤效应，可以控制感应加热的深度。

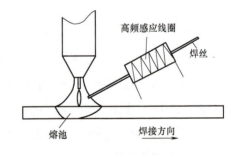

图5-16 高频感应热丝TIG焊的原理图

5）高频感应可以更好地消除焊丝表面吸附的水分对焊缝的不利影响。

常规TIG焊的送丝速度一般为1~3m/min，而高频感应热丝TIG焊的送丝速度可达6~10m/min，送丝速度提高了3倍以上，大大提高了焊接效率。

## 任务布置

根据实例总结热丝TIG焊在不锈钢厚壁管焊接中的焊接要点。

**1. 焊接前的准备**

焊接前应对焊接产品进行如下检查：①核对焊接程序，确保焊机完好。②检查焊件表面，确保无油污和锈蚀等缺陷。③核对焊接材料，确保使用验收合格的焊材。④确认焊接操作员必须持有相应的资格证书。

### 2. 焊接坡口

根据焊接工艺试验，采用图 5-17 所示的坡口形式。

影响焊接性能的参数基本可以分为两类：机械参数和工艺参数。如图 5-18 所示，机械参数由焊机本身特点决定，包括焊枪倾角 $\alpha$、焊枪与送丝枪夹角 $\beta$、焊丝伸出长度 $L_2$、钨棒与钢管中心距离 $F$ 等。工艺参数有：焊接电流、电弧电压、管的旋转速度、摆动宽度与速度、摆动两侧停留时间、热丝电流等。其中任意一个参数变化都将影响焊接质量和稳定性。经过对比和多次试验，最终确定的机械参数和工艺参数见表 5-2、表 5-3。热丝 TIG 焊焊接不锈钢厚壁管时，每一层焊缝的高度宜控制在 2～4mm 范围内。

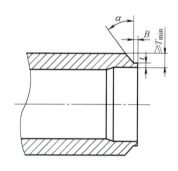

图 5-17　不锈钢厚壁管的焊接坡口
$T_{\min}$—管的最小壁厚

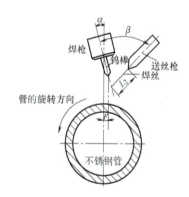

图 5-18　不锈钢厚壁管焊接示意图

表 5-2　不锈钢管对焊的机械参数

| 项　　目 | 数　　值 |
| --- | --- |
| 焊枪倾角 $\alpha$/(°) | 5～10 |
| 焊枪与送丝枪夹角 $\beta$/(°) | 60～90 |
| 焊丝伸出长度 $L_2$/mm | 15～18 |
| 钨棒与钢管中心距离 $F$/mm | 0～16 |

表 5-3　不锈钢管对焊的工艺参数

| 项　目 | 底　层 | 中间层 | 顶　层 |
| --- | --- | --- | --- |
| 焊接电流/A | 200～280 | 260～330 | 200～260 |
| 电弧电压/V | 8～12 | 9～14 | 9～14 |
| 热丝电流/A | 15～25 | 50～80 | 45～70 |
| 摆动宽度/mm | — | -1.5～2.5 | -1.5～2.5 |
| 摆动速度/(mm·min$^{-1}$) | — | 1000～1500 | 1300～1600 |

**3. 不锈钢厚壁管焊接时的缺陷及其预防措施**

热丝 TIG 焊焊接不锈钢厚壁管时，对坡口的加工精度和表面平整度要求较高，以避免产生气孔、咬边等缺陷。这些缺陷有逐渐发展成裂纹的倾向，进而破坏焊缝内部结构组织，降低接头的塑性和强度，甚至使接头失效。针对相应的缺陷，具体预防措施如下：

1) 气孔产生的原因及其预防措施。不锈钢厚壁管焊接时，当钢管或者焊丝表面有油污、铁锈和水分等杂质，氩气流量设置不当，保护效果不佳，或者焊接回路能量过小时，都能产生气孔缺陷。为了预防此缺陷产生，焊前需加强钢管内、外壁及焊丝的检查和清理工作，并确定合适的电弧长度，以确保焊接区域完全处在氩气的保护范围之内。

2) 烧穿产生的原因及其预防措施。热丝 TIG 焊焊接不锈钢厚壁管时，若设置的焊接电流过大、焊接速度过慢、焊接坡口底部间隙过大、电弧在焊缝处停留的时间太久等，都会造成钢管被烧穿。因此，焊接之前需要选取合适的焊接电流，并配合适的焊接速度，尽可能减小焊缝底部的装配间隙等，以减小钢管被烧穿的概率。

3) 咬边产生的原因及其预防措施。热丝 TIG 焊焊接不锈钢厚壁管时，若焊枪摆动频率或在焊缝两侧停留时间设置不当、焊接热输入过大、电弧过长等，都可能在钢管焊缝边界形成凹陷或沟槽等缺陷。因此，在施焊前加强焊件表面清理、匹配恰当的焊枪摆动频率及停留时间等，都可以有效减少咬边缺陷的出现。

4) 未焊透产生的原因及其预防措施。热丝 TIG 焊焊接不锈钢厚壁管的形式是典型的单面焊双面成形。若设置的焊接热输入过小、电弧过长、焊缝坡口不合理，都能在焊缝另一侧形成焊缝余高不足的缺陷。工作中可以通过匹配焊接电流与焊接速度、合理增大装配间隙、合理设置坡口尺寸等，减少未焊透缺陷的发生。

5) 焊缝表面缺陷及其预防措施。热丝 TIG 焊焊接不锈钢厚壁管时，若焊接参数设置不合理，则容易在焊缝外表面产生凸起、凹陷等影响焊缝美观的缺陷。凸起是由于焊接速度过慢、钢管转速与焊枪摆动速度不合理所致。凹陷是由于收弧过快、填充熔融金属不足所致。合理地设置焊接电流、焊接速度等参数可以有效防止未焊满、焊缝余高过高等缺陷的出现。

## 任务布置

总结热丝 TIG 焊的原理及特点。

# 任务 3　TOPTIG 焊

## 任务解析

通过完成本任务，使学生能够初步掌握 TOPTIG 焊技术，掌握 TOPTIG 焊的焊接原理及特点，熟悉 TOPTIG 焊的熔滴过渡形式，了解 TOPTIG 焊的焊丝加热方法、设备组成，熟悉 TOPTIG 焊的主要参数。

## 必备知识

### 一、TOPTIG 焊的原理及特点

#### （一）TOPTIG 焊的原理

TOPTIG 焊的焊接工艺是由法国 Air Liquid 公司开发的专利技术，其设备由传统 TIG 焊枪改进而成，其核心特点是送丝嘴与焊枪为一体化集成设计，是 TIG 焊焊接领域的一项重要的创新，其焊枪设计如图 5-19 所示。开发此工艺的主要目标是：提高机器人焊接速度；研制出适合焊接机器人的紧凑焊枪；不抑制机器人焊接性能发挥；自动更换电极，方便操作。焊丝以 20° 角通过气体喷嘴送入到钨极端部的下方。焊丝的轴线方向与钨极端部的锥面平行，焊丝端部因此可以非常靠近钨极的端部，而该区域为电弧中温度最高的区域，电弧的高温将焊丝迅速熔化，从而获得很高的熔敷率和焊接速度。TOPTIG 焊的焊枪实物如图 5-20 所示。

传统 TIG 焊的焊枪如图 5-21 所示，焊丝与电极几乎成 90°，即与焊件近似平行。其缺点如下：

1）焊枪端部体积增大，定位可靠性差。

2）送丝装置限制了机器人的灵活性和可达性。

3）对于复杂的焊件，还得增加一个转台。

4）填丝 TIG 焊的电弧热量分别用于熔化焊件和焊丝，因为电弧热量只有约 30% 用于熔化焊丝，焊接速度因而无法得到进一步的提高。

因此，目前用于 TIG 焊的焊接机器人为了灵活性的需要通常都不填充焊丝。

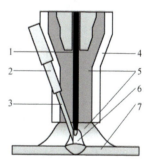

图 5-19　TOPTIG 焊的焊枪设计
1—钨极　2—送丝嘴　3—焊丝　4—喷嘴
5—保护气　6—电弧　7—焊件

#### （二）TOPTIG 焊的优点

TOPTIG 焊技术具有如下优点：

1）灵活性好。其特殊的送丝形式使得在机器人焊接时无须考虑焊丝的送进方向，灵活性与 MIG 焊枪相同。

2）焊缝质量好。由于该方法仍然是 TIG 焊，保留了 TIG 焊的品质高、质量好的特点，没有 MIG 焊固有的飞溅和噪声。

3）焊接速度快。焊接 3mm 厚以下的板材时，TOPTIG 焊的焊接速度等于甚至优于 MIG 焊。

4）操作简单。对钨极到焊件的距离不再敏感，送丝嘴固定在焊枪上，无须调整焊丝的角度和位置。

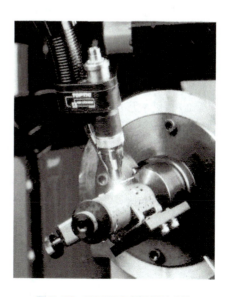

图 5-20　TOPTIG 焊的焊枪实物

正是由于TOPTIG焊技术兼具了TIG焊高质量及MIG焊高速度的优点，因此其在汽车、金属装饰、食品等行业得到了应用，用于焊接镀锌钢板、不锈钢、钛合金和镍基合金等薄板材料。

目前TOPTIG焊技术仅限于直流TIG焊。由于对钨极端部形状要求较严格，而交流TIG焊时钨极烧损会改变钨极端部形状，因而在铝合金的应用上受到限制。

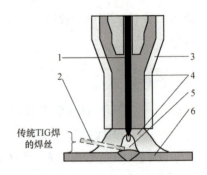

图 5-21　传统TIG焊的焊枪设计
1—钨极　2—焊丝　3—喷嘴
4—保护气　5—电弧　6—焊件

### 二、TOPTIG焊的熔滴过渡形式

由于TOPTIG焊的送丝位置与传统TIG焊有很大不同，根据送丝速度的不同，焊丝熔化后的熔滴过渡通常有两种形式：连续接触过渡和滴状过渡，如图5-22所示。2004年，日本接合技术研究所（JWRI）研究了不同熔滴过渡形式下焊接熔池表面的振荡情况，结论是连续接触过渡方式可以获得良好的焊缝成形，并可最大限度地减少熔池的振荡。

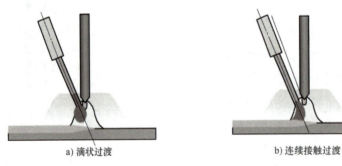

a) 滴状过渡　　　　b) 连续接触过渡

图 5-22　TOPTIG焊的熔滴过渡形式

**1. 连续接触过渡**

当送丝速度（Wire Feed Speed，WFS）与熔化速度达到平衡时，在焊丝熔化的金属与熔池之间形成连续接触。

这种过渡形式具有如下优点：

1）过渡过程稳定，熔敷率高，焊接速度快。

2）焊缝成形均匀一致。

3）减少了焊缝夹钨的风险。

4）电弧熄灭后焊丝末端仍然保持尖锐的形状，使下次起弧更加可靠。

5）适用于所有的普通熔焊和钎焊焊丝，包括碳钢、不锈钢。

**2. 滴状过渡**

滴状过渡的特点是焊丝熔化形成熔滴，熔滴逐渐长大，直到在重力和表面张力的作用下与焊丝端部脱离，这种过渡形式与MIG焊中的短弧长亚射流过渡相似。滴状过渡具有如下优点：

1）滴状过渡的熔滴对熔池的持续冲击力使熔池产生振荡，减少了气孔倾向，焊缝均匀一致。

2）可用于小电流和低送丝速度的焊接。

3）焊道较宽。

在送丝速度较低时，熔滴尺寸较大（为焊丝直径的3~4倍）。熔滴过渡的主要参数是熔滴尺寸和过渡频率。送丝速度快时，过渡频率高，熔滴尺寸小。

### 三、TOPTIG 焊的设备组成

TOPTIG 焊的焊枪安装在机器人手臂上，通过快速接头与推拉式送丝机相连。焊枪采用水冷方式冷却，如果使用接近极限的电流焊接或者在散热条件极度恶劣的环境下焊接，也可以另选配带水冷的保护气喷嘴。当改变焊丝直径或因损耗需更换导丝嘴时，可将导丝嘴从喷嘴上拆卸下来直接更换（螺纹联接），而无须断开水路。电极由对中电极夹夹持，并可自动更换。焊枪的最大电流为220A（直流）、负载持续率100%，焊丝直径为0.8 ~ 1.2mm。

设备组成包括：焊接电源（220A、负载持续率为100%的直流电源）、送丝机构（最大送丝速度为10m/min）、焊接机器人手臂、TOPTIG 焊焊枪、控制系统等。

### 四、TOPTIG 焊的主要参数

#### 1. 钨极与焊丝的距离（EWD）

它是 TOPTIG 焊工艺中重要的工艺参数之一，应被设置为焊丝直径的1 ~ 1.5倍。由于钨极端部形状对电参数和焊缝成形具有重要影响，因此钨极端部必须经过机械加工，以使其外形保持恒定。

#### 2. 钨极直径

直流（DC）TIG 焊常用钨极直径为2.4mm 或 3.2mm，电流上限为230A 和 300A。传统 TIG 焊的工艺规范也适用于 TOPTIG 焊。焊接超薄板时，可以使用直径为1.8mm 的钨极，以便在小电流下引弧和稳弧。但 φ1.8mm 的钨极可能会导致电极轴向变形，对 EWD 参数造成影响。

#### 3. 焊丝直径

焊丝直径应根据焊件的厚度进行选择。推荐用于碳钢和不锈钢的焊丝直径见表5-4。

表5-4　TOPTIG 焊推荐用于碳钢和不锈钢的焊丝直径

| 焊件厚度$\delta$/mm | 焊丝直径$d$/mm |
|---|---|
| $\delta < 1$ | 0.8 |
| $1.0 \leq \delta < 1.5$ | 1.0 |
| $1.5 \leq \delta < 4.0$ | 1.2 |

对于铝的焊接及钢的熔钎焊（使用 CuAl8 和 CuSi3 焊丝），焊丝的直径需要进一步增大。焊丝的直径影响焊接过程的熔敷率和熔池湿润。

#### 4. 焊接参数的影响

主要焊接参数对焊缝成形的影响见表5-5。

表 5-5 主要焊接参数对焊缝成形的影响

| 参数 | 增加或减小 | 熔宽 | 熔深 | 余高 |
|---|---|---|---|---|
| 焊接电流 | 增加 | 增加 | 增加 | 减小 |
|  | 减小 | 减小 | 减小 | 增加 |
| 电弧电压 | 增加 | 增加 | 减小 | 减小 |
|  | 减小 | 减小 | 增加 | 增加 |
| 送丝速度 | 增加 | 减小 | 减小 | 增加 |
|  | 减小 | 增加 | 增加 | 减小 |
| 焊接速度 | 增加 | 减小 | 减小 | 减小 |
|  | 减小 | 增加 | 增加 | 增加 |

焊接电流影响熔深、熔池的润湿及焊丝的熔化速度，必须根据母材的种类、厚度及焊接速度选择合适的数值。

电弧电压取决于钨极到焊件的距离（EWPD）和使用的保护气，也与焊接速度有一定的关系，因为焊接速度较高时电弧会有轻微的后拖。电弧电压会影响熔深、滴状过渡时熔滴的尺寸和熔池的润湿。EWPD 的典型值为 3mm。弧长减小可形成连续接触过渡，反之则形成滴状过渡。电弧电压需要根据焊件厚度和焊接电流来调整。

送丝速度与其他参数相对独立。对于给定的焊接电流和焊接速度，熔滴的过渡形式从滴状过渡转变为连续接触过渡时，伴有特别的声音。

焊接速度对弧长的稳定性、熔透和熔池润湿性有很大的影响。对于镀锌金属板的焊接，减小焊接速度会有利于液态熔池中锌的蒸发，反之则会使细小锌的颗粒停留在熔池底部。当其他焊接参数一定时，较高的焊接速度会降低热输入，减小焊接变形。

在薄板的焊接中，保护气应根据电弧稳定性和熔池润湿的需要来选择。

### 任务布置

撰写报告，总结 TOPTIG 焊的焊接工艺及焊接设备的特点。

## 任务 4　变极性 TIG 焊

### 任务解析

通过完成本任务，使学生能够了解变极性 TIG 焊（VPTIG 焊）的原理及特点，通过调研学习，能够正确准备 5A06-H112 铝合金 VPTIG 焊的材料及设备，具备 5A06-H112 铝合金 VPTIG 焊工艺设计的能力，并分析 5A06-H112 铝合金 VPTIG 焊中存在的问题。

## 必备知识

### 一、VPTIG 焊的原理及特点

#### 1.VPTIG 焊的原理

随着科学技术的不断发展,高强度、轻质量的金属材料越来越多地得到应用。铝及其合金已被广泛地应用在航空航天、汽车和民用工业中,成为一种重要的加工材料。铝合金焊接时主要解决的是表层的氧化膜问题,即要想实现高质量的焊接过程,获得好的焊接质量,需要彻底清除覆盖在其表面上的 $Al_2O_3$ 膜。故从工艺角度分析一种焊接方法是否具有"阴极破碎"作用,是焊接铝及铝合金材料的关键。同时,铝合金焊接还需减少钨极烧损,保持钨极端头形状。特别是在自动焊接中,高阴极清理、低钨极烧损的 TIG 焊系统是人们所期望的。沿着这一思路,铝合金 TIG 焊方法经历了直流钨极接负(DCEN)、直流钨极接正(DCEP)、正弦波交流、方波交流,直至 VPTIG 焊接。

VPTIG 焊即不对称方波交流 TIG 焊,是一种针对铝及铝合金开发的新型焊接方法。已经成为当前 TIG 焊用于铝合金焊接的最佳焊接方法,其焊接电流频率、正负半波电流时间和幅值都可以分别独立调节。其输出电流为交流矩形波,电流过零速度极快,因此电弧稳定性得到大大改善。理想的 VPTIG 焊输出电流波形图如图 5-23 所示。

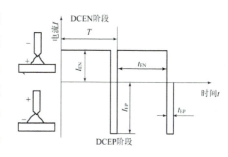

图 5-23 理想的 VPTIG 焊输出电流波形

#### 2.VPTIG 焊的特点

VPTIG 焊的焊接方法包含直流接正(DCEN)和直流接负(DCEP)两种接法,在焊接过程中综合了 DCEN 和 DCEP 两种接法的优点,既发挥了阴极雾化作用,减少钨极的烧损,又能保证输入到焊件的热量。钨极为正半波时,电弧具有阴极雾化作用,可去除焊件表面的致密金属氧化膜,可以减少气孔、夹杂等,从而改善焊缝成形。钨极为负半波时,电弧加热焊件可保证熔深并减少钨极烧损,同时冷却钨极,可以长时间使钨极尖端保持特定形状,以实现长时间高质量焊接。铝合金 VPTIG 焊具备以下三个特点:

1)对于交流 TIG 焊,电流过零点时电弧容易息弧;而采用 VPTIG 焊时,电流过零点时速度快、重新引弧容易,不需要特殊的稳弧装置,电弧十分稳定,也不需要加入高频脉冲,对电子器件的损伤小。

2)通过调节正负半波的电流比和时间比,可保证在合理的阴极清理条件下,最大限度地减小钨极为正的时间,使 VPTIG 焊的电弧具有钨极为负的特点;电弧集中可使焊缝获得较为集中的热量,得到较大的熔深,以提高焊接生产率并延长钨极寿命。

3)由于 VPTIG 焊机内部采用计算机编程的控制方式,直流正接峰值电流、基值电流、脉冲频率、直流反接电流、直流反接时间比例、极性转变频率、引弧电流、收弧电流、缓慢上升时间、缓慢下降时间等均可调节,给焊接的控制带来了极大的方便,利于实现焊接的自动控制;且能使焊接线能量的输入最合理、焊接电弧形态更加稳定、焊缝表面成形更加美观、焊接质量得到更好的保证，具有改善焊缝形状、影响金属结晶、提高焊缝的力学性能等优点。

4）VPTIG 焊的焊接电源是一种脉冲电源，其脉冲电弧对熔池有很强的搅拌作用，可以减少和抑制气孔的产生。

### 3.VPTIG 焊的焊接设备

VPTIG 焊的焊接设备主要包括 VPTIG 焊接电源、送丝机构、焊枪、供气系统、供水系统及辅助设备等。

VPTIG 焊接电源的作用是向焊接电弧提供电能，以及提供 VPTIG 焊的电气特性，如外特性、动特性等，同时参与焊接参数的调节。

送丝机构的作用是使焊丝不断地向电弧区送给，对于薄件结构，也可不采用送丝机构，而采用自熔焊接。

焊枪的作用是夹持钨极、传导焊接电流并喷出保护气体。

图 5-24 所示是 Miller 公司的变极性焊机 Dynasty 700 的操作面板，其突出的优势是既有变极性的功能，同时也有脉冲的功能。

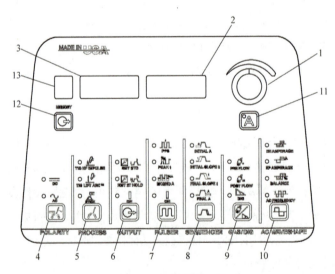

图 5-24　焊机控制面板

1—调节器　2—电流和参数显示表　3—电压显示表　4—AC/DC 输出转换　5—起弧方式选择
6—输出方式选择　7—脉冲控制　8—过程参数控制　9—气体/电弧吹力控制
10—交流波形控制　11—电流和点焊时间　12—存储单元控制　13—记忆显示

## 二、VPTIG 焊接参数对焊缝成形的影响

### 1. 焊接电流参数的影响

铝合金 VPTIG 焊接电流参数主要包括：DCEN 电流值、DCEP 电流值、DCEP 时间和 DCEN 时间的比例（占空比）及电流频率。通过大量的焊接试验可以发现：

1）增加 DCEP 电流幅值，减小 DCEP 时间，在其他焊接参数匹配合理的条件下，可以在保证铝合金表面氧化膜良好清理效果的前提下，最大限度地减小钨极的烧损程度。

2）DCEP 时间决定了工件的清理宽度及焊缝的熔宽，在保证清理效果的前提下，应尽量缩短 DCEP 时间，即减小占空比，从而减小焊缝热影响区的宽度，提高焊缝的强韧性。

3）适当提高电流频率，减小电弧直径，增强电弧拘束度，从而进一步减小焊缝熔宽、增大熔深，同时利用高频电流的高频电磁效应，还可以增加电弧对焊缝熔池的搅拌作用，从而减少焊缝气孔，提高焊缝的韧性。

### 2. 焊接速度的影响

焊接速度的稳定性对焊接过程的控制和焊接质量的提高很关键。焊接速度稳定，则焊缝外形美观、成形均匀；反之，则焊接质量很难保证。

### 3. 送丝速度的影响

送丝速度增大时，焊丝吸收的电弧能量增多，熔化量增多，导致熔池上部的液态金属量增加，母材金属熔化不足，出现未熔透现象；速度增大到一定程度时，会导致焊丝来不及熔化而直接扎在熔池里。送丝速度较小时，焊丝吸收的电弧能量减少，熔化量减少，母材的热输入量增多，从而导致焊缝余高减小，严重时会使熔池塌陷。因此，在焊接过程中，稳定合适的送丝速度是焊接过程稳定、焊接质量良好的重要保证。

### 4. 保护气流量的影响

在焊枪气体喷嘴小孔直径一定的情况下，提高保护气流量，则流速加快，电弧收缩力增大，等离子流力也相应增大，从而使电弧拘束度增强，电弧挺度增大，焊缝熔宽减小，熔深增大，有利于焊缝成形。但是，流量过大时，电弧的损失能量也偏大，会导致焊丝、母材的熔化量不足。降低保护气流量时，电弧电磁力、等离子流力相应减小，从而使电弧拘束度减小，电弧挺度减小，熔宽增大。所以，合适的保护气流量也是焊接质量的重要保证。

### 5. 电极种类及尺寸的影响

钨极种类及尺寸主要影响焊接电弧的稳定性和电弧形态。不同钨极对应的电弧稳定性顺序为：WY > WCe > WTh > W。这是由于钨极的化学成分不同，电子逸出功不同，逸出功越小，其电子的发射能力越强。VPTIG 焊时，钨极不仅考虑电子发射能力，还要考虑钨极烧损量及其烧损形状。钨极尖部角度很小时，引弧效果好，等离子流速度快，电弧穿透力强。但是尖部角度过小时，会使钨极载电流能力下降，尖部烧损严重，电极内缩量明显增大，对焊接电弧稳定性产生一定影响。

### 6. 弧高的影响

对于铝合金 VPTIG 焊而言，弧高增大时（喷嘴高度增大），电弧电压升高，电源输出能量增加（用来补偿散热损失的增加），焊件所获得的热量有所增加；弧长增大，电弧拘束度有所减弱，电弧力减小，焊缝熔深减小，熔宽增大。弧高减小时，情况相反。为了保证保护效果，焊枪喷嘴高度应尽量小一些。所以，合适的焊枪高度（弧高）对焊接质量的提高也是很重要的。

## 三、5A06-H112 铝合金板材的 VPTIG 焊

### 1. 焊接材料

（1）母材　母材选用 10mm 厚的 5A06-H112 铝合金板材。5A06 铝合金是非热处理强化铝合金，属 Al-Mg 系的典型合金，旧称防锈铝合金 LF6，该铝合金具有中等强度，在退火和挤压加工状态

下的塑性尚好，其耐蚀性良好，冷作硬化可提高强度，但抗应力腐蚀能力会降低。合金焊接性较好，可用于焊接容器、受力零件、飞机蒙皮及骨架等；线材可制作铆钉。其化学成分和力学性能分别见表5-6、表5-7。

表5-6 试样化学成分（质量分数，%）

| Mg | Si | Fe | Cu | Mn | Zn | Ti | Be | Al |
|---|---|---|---|---|---|---|---|---|
| 5.8~6.8 | 0.4 | 0.4 | 0.1 | 0.50~0.8 | 0.2 | 0.02~0.1 | 0.0001~0.005 | 余量 |

表5-7 试样力学性能

| 抗拉强度$R_m$/MPa | 规定非比例延伸强度$R_{P0.2}$/MPa | 断后伸长率$A$（%） |
|---|---|---|
| 330 | 170 | 22.6 |

（2）填充材料 采用5系合金常用的焊材ER5356，其化学成分与5A06类似，是一种镁的质量分数为5%的铝合金焊丝，适合焊接或表面堆焊镁的质量分数为5%的铸锻铝合金，强度高，锻造性好，有良好的耐蚀性。其化学成分见表5-8。

表5-8 焊丝化学成分（质量分数，%）

| Si | Fe | Cu | Mn | Mg | Zn | Ti | Al |
|---|---|---|---|---|---|---|---|
| 0.25 | 0.4 | 0.1 | 0.05~0.20 | 4.5~5.5 | 0.1 | 0.06~0.20 | 余量 |

**2. 焊接设备**

采用Miller公司的变极性焊机Dynasty700，其操作面板见图5-24，焊机参数调节范围见表5-9。

表5-9 焊机参数调节范围

| 参数 | 默认设置 | 范围 |
|---|---|---|
| 存储 | 1 | 1~9 |
| 极性 | AC | AC/DC |
| 起弧方式 | 高频脉冲 | 高频/接触/焊条 |
| 电流 | 500A | 5~700A |
| PPS（每秒脉冲数） | 100Hz | DC：0.1~5000PPS<br>AC：0.1~500PPS |
| 峰值电流持续时间 | 40% | 5%~95% |
| 基值电流占峰值比值 | 25% | 5%~95% |
| 提前送气 | 0.2s | 0.0~25.0s |
| 滞后送气 | AUTO | 1~50.0s |
| 钨极接负电流 | 500A | 5~700A |
| 钨极接正电流 | 500A | 5~700A |
| DCEN半波所占比例 | 75% | 30%~99% |
| 频率 | 120Hz | 20~400Hz |

### 3. 钨极的制备

采用的钨极为铈钨极，直径为 3.2mm。电极前端采用如图 5-25 所示的形式。一般情况下，在直流正极性条件下电极前端磨成锥形；而在直流反接和交流焊接过程中，因为电弧对电极的热输入大于直流正接，会产生钨极烧损的情况，所以电极前端一般磨成圆形。由于变极性的突出优势，在交流情况下仍然可以采用圆锥形的电极前端，焊接一定时间后钨极烧损几乎很少。圆锥表面的流线方向应沿着轴线方向，而不应垂直于轴线。

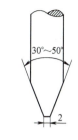

图 5-25 钨极前端形状

### 4. 试件的清理

由于铝合金焊接的特殊性，对焊前清理要求很严格。首先脱脂去油，采用有机溶剂浸泡，擦除待焊试件以及焊丝表面的油污。接下来去除氧化膜，可采用机械方法和化学方法，两种方法可以单独使用，两者兼用效果更好。

（1）机械方法　一般采用钢丝刷或刮刀，将坡口及其附近两侧的氧化膜刮掉，至露出金属光泽。

（2）化学方法　先用 50~60℃ NaOH 溶液浸泡，对于铝镁合金，浸泡时间为 5~10min，用冷水冲洗；然后在 30%HNO$_3$ 溶液中浸泡 1min 左右；最后在 50~60℃ 热水中冲洗；待冲洗完毕后，放在 100~110℃ 干燥箱中烘干或风干。清理之后，放置时间不允许超过 24h，否则必须重新清理。装配时要防止再度弄脏。

### 5. 焊接工艺规范

采用的焊接参数见表 5-10。与传统交流焊接相比，DCEP 焊接时占空比仅为 15%，但是由于 DCEP 电流值比较大，因此仍然取得了良好的清理效果。同时，钨极烧损很小，可以连续地焊接较长时间，而不用频繁地更换钨极，有利于焊接过程稳定性的控制。VPTIG 焊电流波形如图 5-26 所示。

表 5-10 焊接参数

| 参数 | 数值 |
| --- | --- |
| DCEN电流 | 240A |
| DCEP电流 | 340A |
| DCEN时间 | 12ms |
| DCEP时间 | 3ms |
| 送丝速度 | — |
| 行走速度 | 150mm/min |
| 保护气流量 | 15L/min |
| 钨极直径 | 4.0mm |
| 喷嘴直径 | 12mm |

VPTIG 焊焊缝外观成形如图 5-27 所示。焊缝正面表面带有细小波纹、表面比较平整，阴极雾化区域比焊缝宽 2mm 左右。

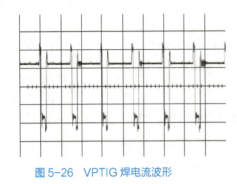 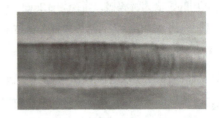

图 5-26　VPTIG 焊电流波形　　　　图 5-27　VPTIG 焊焊缝外观成形

### 任务布置

写出铝合金 VPTIG 焊的工艺要点。

## 任务 5　K-TIG 焊

### 任务解析

通过完成本任务，使学生能初步掌握 K-TIG（尾孔 TIG）焊技术，掌握 K-TIG 焊的原理，熟悉 K-TIG 焊的焊接工艺，掌握 K-TIG 焊的特点，熟悉 K-TIG 焊装置，了解 K-TIG 焊的应用。

### 必备知识

K-TIG 焊（Keyhole TIG Welding，尾孔 TIG 焊）技术是 2000 年左右出现的一种大电流 TIG 焊新技术，由澳大利亚公共研究机构 CSIRO 开发，其焊接过程中会形成尾孔（也称"匙孔"），生产率较传统 TIG 焊大大提高。

K-TIG 焊是在传统 TIG 焊的基础上，通过大电流形成的较大电弧压力与熔池液态金属的表面张力实现相对的平衡，形成小孔而实现的深熔焊的焊接方法。其焊接过程稳定、波纹细腻、成形美观，焊缝的微观组织和力学性能优于传统的 TIG 焊，是真正的高速、高效、低成本的焊接方法，是对传统 TIG 焊的革新。K-TIG 焊既能充分利用传统 TIG 焊的优点，又能有效地大幅度提高焊接熔深，能在 4min 内完成利用传统焊接方法需要 6h 才能完成的焊接任务，并以优质的品质满足核能、航空航天及国防工业等领域的苛刻要求。目前已经成为世界范围内焊接技术人员追求和研究的目标之一。

#### 一、K-TIG 焊的基本原理

K-TIG 焊的作用形式与传统 TIG 焊完全一样，唯一的差别就是焊接过程中会形成稳定存在的尾孔，如图 5-28 所示。之所以会形成尾孔，关键在于 K-TIG 焊的电弧能量较传统 TIG 焊大大提高了。K-TIG 焊时，一般选用的钨极直径都在 6mm 以上（常用直径为 6.3～6.5mm，端头角度为 60°），焊接电流达 600～650A，电弧电压为 16～20V。在如此高的焊接电流作用下，电弧的电磁收缩力大大提高，宏观表现为电弧挺直度、电弧力和穿透能力都显著增强。焊接时，电弧深深地扎入到熔池中，将熔融的金属排挤到熔池四周侧壁，形成尾孔。如果电弧压力、小孔侧壁金属蒸发形成的蒸气反作用力以及液态金属的表面张力与液态金属的内部压力达到动态平衡，则小孔就会稳定存在。随着电弧的前进，熔池金属在电弧后方弥合并冷却凝固成焊缝，整个过程类似于等离子弧"小孔"焊接方法。

图 5-28　K-TIG 焊的焊接图

K-TIG 焊与等离子弧焊形成小孔的原理有本质区别。等离子弧焊需要压缩电弧，焊接能量密度很高，而 K-TIG 焊形成的小孔是"自然"形成的，电弧不经过压缩，主要是靠大电流形成的电弧力与表面张力平衡形成小孔。

## 二、K-TIG 焊的焊接工艺

### 1. K-TIG 焊的焊接设备

K-TIG 焊焊接设备与传统 TIG 焊焊接设备有明显的差异（图 5-29 所示为 K-TIG 焊枪），主要表现在以下几点：

1）传统 TIG 焊焊接电源无法提供 K-TIG 焊要求的高焊接电流，因此 K-TIG 焊焊接电源一般为特制设备，或者采用直流埋弧焊电源。但若采用埋弧焊电源，为保证焊接电弧稳定起弧和燃烧，必须对其进行改造，增加高频或高压模块。

2）K-TIG 焊焊接电流很大，焊枪对散热要求很高，必须具有强力冷却系统，并采用散热能力良好的冷却液。

图 5-29　K-TIG 焊枪

3）由于 K-TIG 焊强大的电弧扰动，气流保护效果受到很大干扰，最好采用高纯保护气体并加大保护气流量，如果条件具备，推荐采用双重气体保护。

### 2. 影响 K-TIG 焊焊接质量的因素

K-TIG 焊焊接质量的影响因素很多，如焊接参数、钨极结构、保护气体、外部环境等，主要包括：

（1）钨极的几何形状　Richardson-Dushman 方程指出，阴极发射的最大热离子密度与钨极的表面温度和几何参数有关。Savageetal 推测钨极发射热离子的面积与焊接电流、钨极尖端角度和钨极直径有关，可用下式表示为

$$A_d/A_c=\sin\theta$$

式中，$A_d$ 为发射热离子最大直径处的横截面积；$A_c$ 为钨极发射热离子的表面积；$\theta$ 为钨极尖端夹角的一半。

（2）保护气体的种类和气体流量　K-TIG 焊通常使用纯氩气作为保护气体。焊接时气体流

量要足够大，以使保护气流有足够的挺度，提高其抗干扰的能力。但是，气体流量过大时，保护气流的紊流度增大，会将外界空气卷入焊接区，使保护效果变差，甚至在焊缝中引起气孔。K-TIG焊时一般保护气体流量为20L/min，可达到良好的保护效果。

（3）高精度的夹具和焊接参数（如焊接速度、焊接电流、电弧电压等）的合理配合 在焊接操作过程中，应先调节焊接速度，再调焊接电流（300～1000A）。焊接速度与焊板厚度成反比，对于一般3mm厚的锰钢、不锈钢和钛合金，焊速高达750mm/min；对于6mm厚的SAF2205（山特维克公司的专利牌号，相当于我国022Cr22Ni5Mo3N双相不锈钢）不锈钢，焊速约为500mm/min；对于12mm厚的奥氏体钢和钛合金，焊速约为250mm/min；对于14mm厚的钛合金，焊速为250mm/min。

当电流大于250A时，电弧压力是小孔形成和保持稳定的一个关键因素。而对于K-TIG焊，焊接过程中熔池的小孔是影响焊缝成形及焊接接头质量的关键因素。要获得高质量的焊接接头，必须研究电弧压力及影响电弧压力的因素。澳大利亚公共研究机构CSIRO通过试验证明了以下因素与K-TIG焊电弧压力的关系：

①焊接电流。焊接电流$I$是影响电弧压力$F$的主要因素，其关系式可表示为：$F \propto I^2$。

②钨极尖端夹角和钨极直径。尖端夹角减小或钨极直径增大，电弧压力增大。例如：尖端夹角从90°降到30°，电弧压力会增大12%。钨极直径从2.4mm增大到6.0mm，将使电弧压力增大9%。

③电弧电压。电弧电压增大，热量的输入增加，电弧压力增大。

④钨极的凸台半径。减小凸台半径会降低电弧电压，增大热量的输入。

### 三、K-TIG焊的特点

K-TIG焊设备耗费的资金比等离子弧焊、激光焊和电子束焊少，其焊接操作相对容易。葡萄牙焊接质量协会曾通过试验证明K-TIG焊的焊接速度是等离子弧焊焊接速度的2/3。

K-TIG焊与常规TIG焊比较，有以下突出优点：

1）焊缝质量高。

2）焊缝熔深大，焊接速度快，生产率高。

3）仅需要直边坡口。

4）成本低，填丝量大大减少。

5）易实现焊接自动化。

K-TIG焊的生产率较传统TIG焊大大提高。例如，在焊接速度为250～300mm/min时，可以一次焊透12mm厚的奥氏体不锈钢或钛合金板，接头形式为平板对接不填丝焊。这样厚度的不锈钢或钛合金板，如果采用传统TIG焊，则必然要开坡口并采用多层、多道填丝焊接的方式，使准备时间和成本显著增加。如果利用K-TIG焊方法焊接3mm厚的不锈钢板，其焊接速度高达1m/min。由于K-TIG焊的热输入较大，因此一般采用平焊位置施焊，无须开坡口，焊接时一般不添加焊丝。表5-11为12mm厚的不锈钢板采用常规TIG焊和K-TIG焊的焊接参数对比。

表 5-11 常规 TIG 焊和 K-TIG 焊焊接参数对比

| 焊接方法 | 常规TIG焊 | K-TIG焊 |
| --- | --- | --- |
| 焊缝形貌示意图 | 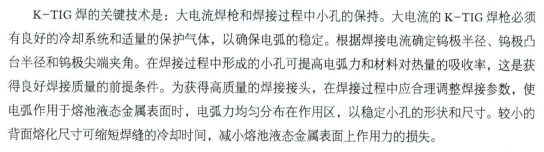 | |
| 坡口 | 60°的V形坡口 | 不需开坡口 |
| 焊道 | 7 | 1 |
| 填丝量 | 1000g/m | 50g/m |
| 电流 | 320A | 640A |
| 焊接速度 | 200mm/min | 300mm/min |
| 氩气通气时间 | 35min/m | 3.33min/m |

### 四、K-TIG 焊的焊接装置

K-TIG 焊的焊接电流一般为 300~1000A，主要应用于平焊，其装置如图 5-30 所示，应包括以下几部分：

1）焊接控制用户界面。

2）焊接电源：直流输出 600 ~ 1000A，焊接电流与焊接板材的厚度成正比关系。需"热启动"装置，提供开端（起弧）的剧增电流，即一台 650A 的逆变器，另外需要一台 1000A 的整流器提供大电流。

3）气体控制系统：实现焊接保护、焊后保护（使用拖罩）及背面保护。

4）循环冷却系统：焊枪功率非常大，冷却问题非常关键。

图 5-30 焊接装置

5）送丝系统：完成焊丝材料的送进。

6）电弧控制系统：电弧是保持焊接稳定的关键因素。

7）外部设备连接界面。

K-TIG 焊的关键技术是：大电流焊枪和焊接过程中小孔的保持。大电流的 K-TIG 焊枪必须有良好的冷却系统和适量的保护气体，以确保电弧的稳定。根据焊接电流确定钨极半径、钨极凸台半径和钨极尖端夹角。在焊接过程中形成的小孔可提高电弧力和材料对热量的吸收率，这是获得良好焊接质量的前提条件。为获得高质量的焊接接头，在焊接过程中应合理调整焊接参数，使电弧作用于熔池液态金属表面时，电弧力均匀分布在作用区，以稳定小孔的形状和尺寸。较小的背面熔化尺寸可缩短焊缝的冷却时间，减小熔池液态金属表面上作用力的损失。

### 五、K-TIG 焊的应用

K-TIG 焊适合焊接铁素体不锈钢、奥氏体不锈钢、双相不锈钢、钛合金、锆合金等，但不适合焊接铜合金、铝合金等高热导率的金属。这是因为理想的尾孔形状应该是上宽下窄的漏斗形，如图5-31所示，如果母材热导率过高，往往造成焊缝根部（尾孔下部）过宽，使得熔池不能稳定存在。所以，K-TIG焊适合应用于焊接低密度或较低热导率的金属。

K-TIG焊一般应用于板材、管材、压力容器、轧管机、造船、地下管道等制造行业。图5-32所示为K-TIG焊的焊接应用。

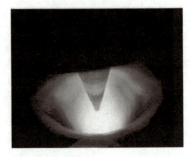

图5-31 K-TIG焊的电弧形态

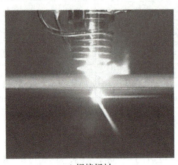  

a) 焊接板材　　　　　　　　b) 焊接管材

图5-32 K-TIG焊的焊接应用

### 任务布置

撰写报告，总结K-TIG焊的工艺特点及应用范围。

### 项目总结

通过本项目的学习，掌握了先进钨极氩弧焊的几种方法的原理、设备组成及应用，熟悉了各种方法的操作过程，并通过焊接工艺运用了解典型产品的生产过程，了解了先进焊接技术的发展现状。与普通TIG焊相比，先进TIG焊接方法效率更高。

---

#### 复习思考题

1. A-TIG焊的优点有哪些？
2. A-TIG焊如何进行活性剂的手工涂刷？
3. 热丝TIG焊的优点有哪些？
4. TOPTIG焊的原理是什么？
5. TOPTIG焊的优点有哪些？
6. 变极性TIG焊的原理是什么？
7. 变极性TIG焊焊接参数对铝合金焊缝成形的影响有哪些？
8. K-TIG焊的原理及特点是什么？

# 项目六
# 窄间隙焊接

## 项目导入

随着现代工业设备的日趋大型化，厚板、超厚板结构的应用越来越广泛。在舰艇、压力容器、锅炉、铁轨等金属结构产品的制造和大型工程建造现场作业中，过去普遍采用大坡口多层多道 MAG/MIG 焊或埋弧焊，随着焊接结构厚度的不断增加，消耗的焊材在增多，焊接接头存在较大的变形。对于厚板焊接，最大的问题就是接头力学性能、焊缝质量和焊接效率之间的矛盾。本项目主要介绍窄间隙焊接技术的基本原理、特点及常用的窄间隙焊接方法与设备。

## 学习目标

1. 能够了解窄间隙焊接的发展状况。
2. 掌握窄间隙焊接的基本原理及分类。
3. 能够熟悉不同的窄间隙焊接方法在实际生产中的优势和局限性。
4. 能够熟悉窄间隙焊接设备的组成。
5. 根据典型产品，熟悉窄间隙焊接工艺过程。

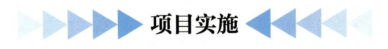

# 项目实施

## 任务 1　窄间隙焊接技术的选用

### 任务解析

通过完成本任务，使学生能够初步掌握窄间隙焊接基础知识，掌握窄间隙焊接的原理、特征及分类，熟悉窄间隙焊接的优点及不足，并了解应用情况。

### 必备知识

#### 一、窄间隙焊接概述

**1. 窄间隙焊接的原理**

窄间隙焊接（Narrow Gap Welding，NGW）的概念是美国 Battelle 研究所于 1963 年在《铁时代》杂志上首先提出的。顾名思义，窄间隙焊接就是指焊接坡口要比常规焊接坡口窄。但坡口间隙多大才算是窄间隙焊接，这受具体结构形式、焊接方法，甚至从业人员的观念所限制，长时间以来并没有一个统一的标准。例如，以往将坡口较深、间隙侧壁角度相对较小的厚板埋弧焊和电渣焊也列为窄间隙焊接的范畴，造成了概念混乱和误解。

针对这个问题，20 世纪 80 年代，日本压力容器研究委员会施工分会第八专门委员会审议了窄间隙焊接的定义，并做出了如下规定：窄间隙焊接是将板厚 30mm 以上的钢板，按小板厚的间隙相对放置开坡口，再进行机械化或自动化弧焊的方法（板厚小于 200mm 时，间隙小于 20mm；板厚超过 200mm 时，间隙小于 30mm）。

随着技术的进步，从最近十余年工程项目施工实际情况来看，目前对于常规厚板（30～60mm）的窄间隙焊接，坡口尺寸一般都在 15mm 以下，甚至出现了坡口间隙仅为 5～6mm 的超窄间隙焊接。

需要指出的是，窄间隙焊接并不是一种常规意义上的焊接方法，而是一种特殊的焊道熔敷技术。窄间隙焊接广泛应用于各种大型重要结构，如造船、锅炉、核电、桥梁等行业厚大件的生产。目前，发达国家窄间隙焊接的应用比较多，特别是日本，无论是窄间隙焊接的研究还是应用，都远远地走在了世界前列。日本于 1966 年就开始了窄间隙焊接的研究，之后其技术一直领先于其他各国，研究成果占全世界的 60% 以上。

我国目前应用最多的窄间隙焊接技术是粗丝大电流窄间隙埋弧焊，近些年在电站与核电领域陆续引进了窄间隙热丝 TIG 焊。而窄间隙气体保护焊（NG-GMAW）在国内的应用，则是 2005 年之后开始的。

**2. 窄间隙焊接的分类**

窄间隙焊接技术自 1963 年被提出以来，经过半个多世纪的发展，人们对其焊接方法和焊接材料进行了大量的开发工作,目前在许多国家的工业生产中发挥着巨大作用。

按照不同的标准,窄间隙焊接有很多分类方法,如按热输入高低、焊丝根数、焊接位置、焊丝的运动轨迹等,但这些分类方法只能反映其中某一方面,最科学的分类方法是按所采取的工艺进行分类。按工艺方法,窄间隙焊接分为熔化极电弧焊(实心焊丝窄间隙焊和药芯焊丝窄间隙焊)、非熔化极电弧焊(窄间隙 TIG 焊)、窄间隙埋弧焊(NG-SAW)、窄间隙熔化极气体保护焊(NG-GMAW)等。

### 3. 窄间隙焊接的特征

V.Y.Malin 在 1983 年提出了窄间隙焊接的下述特征:

1)窄间隙焊接是利用了现有弧焊方法的一种特别技术。

2)多数采用 I 形坡口,或坡口角度很小(0.5°～7°)的 U 形、V 形坡口,坡口角度大小视焊接中的变形量而定。

3)多层焊接。窄间隙焊接是将板厚 30mm 以上的钢板,按小板厚的间隙相对放置开坡口,再进行机械化或自动化弧焊的方法。

4)自下而上的各层焊道数目基本相同(通常为 1 道或 2 道)。

5)采用小或中等热输入进行焊接。

6)有全位置焊接的可能。

## 二、窄间隙焊接的优点及不足

### 1. 优点

1)坡口断面小,可减少填充材料,降低能耗,节省成本。窄间隙坡口角度很小,与传统大角度 U 形、V 形坡口相比,坡口断面面积减少 50% 以上。图 6-1 所示为 V 形坡口和窄间隙坡口示意图。

2)可减少焊接时间,生产率明显提高。

3)一般采用中、小热输入焊。热输入减小,可使热影响区变小,组织细小,接头韧性改善,预热温度降低,综合力学性能提高。

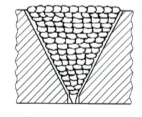

a)窄间隙坡口　　b)V形坡口

图 6-1　V 形坡口和窄间隙坡口示意图

4)可减少变形。

### 2. 缺点

窄间隙焊接的不足主要体现在以下方面:

1)对坡口的加工和装配精度要求很高,一定程度上增加了成本。

2)在狭窄坡口内气、丝、水、电的导入困难,焊枪复杂,加工精度要求高,难度大,通用性不强。

3)焊丝对中要求高,若对中不好,造成侧壁打弧,焊丝回烧,则几乎不能进行焊接。

4)窄间隙焊缝往往由几十层焊道形成,一旦某一层有缺陷,返修将很困难。

5)要求具有较高的焊接技能。

> 任务布置

查找资料，选择一个应用领域，撰写有关窄间隙焊接技术的应用情况的调查报告。

可扫描二维码查看任务相关资源。

窄间隙焊

## 任务 2　窄间隙埋弧焊

> 任务解析

通过完成本任务，使学生能够基本掌握窄间隙埋弧焊焊接基础知识，掌握窄间隙埋弧焊在实际生产中的优势，了解工业上已经成熟的窄间隙埋弧焊工艺，熟悉窄间隙埋弧焊焊枪特点，掌握窄间隙埋弧焊工艺参数对焊缝成形的影响，了解先进窄间隙焊接方式、方法，熟悉窄间隙埋弧焊焊接工艺过程。

> 必备知识

传统的埋弧焊是利用电弧在焊剂层下燃烧产生的热量来进行焊接。在焊接过程中，焊剂吸收热量而熔化，覆盖在熔池与焊接区域上，一方面对熔池及焊缝金属起到物理保护作用，提高焊缝的质量；另一方面，熔化的焊剂还可以与熔池金属发生化学冶金反应，如脱氧、去杂质、渗合金等，进而影响焊接质量。

埋弧焊的机械化、自动化程度相对较高，人为因素对焊接质量影响较小，得到的焊缝质量更可靠，而且埋弧焊的热输入相对较大，熔敷率较高，因而生产率高。与其他焊接工艺相比，埋弧焊完全没有飞溅的问题，故节省了焊接材料和能源，并提高了焊接的稳定性。基于以上原因，埋弧焊技术在造船业、冶金机械业、化工容器制造中有着广泛的应用。

随着生产要求的不断提高，装置规模的不断扩大，需要进行埋弧焊焊接的材料厚度不断增大，埋弧焊工艺本身的局限性逐渐显现出来，具体如下：

1）传统埋弧焊需要对母材进行加工，以形成 V 形或 X 形坡口，随着厚度的加大，开坡口的工作量急剧增加；若减小坡口角度，坡口宽度减小，传统埋弧焊的导电嘴将无法进入坡口施焊，而且需要熔敷的金属量大大增加，大量消耗焊丝和能源。

2）由于板厚的增加，拘束度增大，焊件的焊接变形受到约束，会在焊件中形成较大的残余应力，对接头质量有严重影响。

3）传统埋弧焊的控制方式落后，自动化程度低，不能精确控制，易于产生未熔合、夹渣等缺陷。

为了提高焊接质量和生产率，窄间隙埋弧焊的应用越来越广泛。

### 一、窄间隙埋弧焊简介

窄间隙埋弧焊出现于 20 世纪 80 年代，很快被应用于工业生产，其主要应用领域是低合金钢厚壁容器及其他重型焊接结构。窄间隙埋弧焊的焊接接头具有较高的抗延迟冷裂能力，其强度性能和冲击韧性优于传统宽坡口埋弧焊接头，与传统埋弧焊相比，总效率可提高 50%～80%；可节约焊丝 38%～50%，节约焊剂 56%～64.7%。窄间隙埋弧焊已有各种单丝和多丝的成套设备供应，主要用于水平或接近水平位置的焊接，一般采用多层焊，由于坡口间隙窄，层间清渣困难，对焊剂的脱渣性能要求高，尚需开发合适的焊剂。

埋弧焊工艺具有高的熔敷速度、低的飞溅和电弧磁偏吹，能获得焊道形状好、质量高的焊缝以及设备简单等优点。由于在填充金属、焊剂和技术方面取得的最新进展，日本、俄罗斯和欧洲等国家和地区在焊接碳钢、低合金钢和高合金钢时广泛采用窄间隙埋弧焊工艺。

窄间隙埋弧焊用焊丝的直径为 2～5mm，很少使用直径小于 2mm 的焊丝。据报道，最佳焊丝直径为 3mm。直径 4mm 的焊丝推荐用于厚度大于 140mm 的钢板，而直径 5mm 的焊丝则用于厚度大于 670mm 的钢板。

窄间隙埋弧焊的焊道熔敷方案的选择与许多因素有关。

1）单道焊。单道焊仅在使用专为窄坡口内易于脱渣而开发的自脱渣焊剂时才采用。然而，尽管使用较高的坡口填充速度，单道焊方案与多道焊方案相比仍有一些不足之处。除需要使用非标准焊剂之外，它还要求焊丝在坡口内能非常准确地定位，对间隙的变化有较严格的限制。对焊接参数，特别是电压的波动以及凝固裂纹的敏感性大，限制了这一工艺的适应性。单道焊在日本使用得较多。

2）多道焊。日本以外的其他国家广泛使用多道焊，其特点是坡口填充速度低，但其适应性强，可靠性高，产生的缺陷少。尽管焊接成本较高，但这一方案具有允许使用标准的或略为改进的焊剂，以及普通埋弧焊的焊接工艺的优点。图 6-2 所示为双丝窄间隙埋弧焊设备。

图 6-2　双丝窄间隙埋弧焊设备

### 二、窄间隙埋弧焊的优势

窄间隙埋弧焊具有埋弧焊金属熔敷速度快、无飞溅、焊缝质量可靠等特点，并且由于焊接时采用了新的坡口形式，突破了传统埋弧焊的某些局限性。同开宽坡口进行埋弧焊相比，窄间隙埋弧焊所产生的焊接变形和残余应力要小得多。这使得窄间隙埋弧焊成为特定场合替代传统埋弧焊的不二选择。正是由于其高效率、节约能源、节省焊接材料以及焊缝质量更优的特点，窄间隙埋弧焊在厚板焊接中的使用越来越多。伴随着焊缝跟踪等关键技术的进步，可焊接的间隙越来越小，坡口的深度也越来越深，其应用范围将更加广泛。

窄间隙埋弧焊的主要优势可归纳为：

1）埋弧焊时电弧的扩散角大，焊缝成形系数大，电弧功率大，再配合适当的丝-壁间距控制，无须像熔化极气体保护焊那样，必须采用较复杂的电弧侧偏技术，即埋弧焊的电弧热源及其作用特性，可直接解决两侧的熔合问题，这是埋弧焊方法在窄间隙焊接技术中应用比例最高的重要原因。

2）焊接过程中能量参数的波动对焊缝几何尺寸的影响敏感程度低。这是由于埋弧焊方法的电弧功率高，同样的电流波动量 $\Delta I$，在埋弧焊时所引起的波动幅度要小得多。

3）埋弧焊过程中不会产生飞溅，这是埋弧焊在所有熔化极电弧焊方法中所独有的特性，也正是窄间隙焊接技术所全力追寻的目标。因为深窄坡口内一旦产生较大颗粒的飞溅，无论是送丝稳定性、保护的有效性，还是窄间隙焊枪的相对移动可靠性，都将难以保证。

4）多层多道方式焊接时，通过单道焊缝成形系数的调节，可以有效地控制母材焊接热影响区和焊缝区中粗晶和细晶的比例。通常焊缝成形系数越大，热影响区和焊缝区中的细晶比例越大。这是由于焊道熔敷越薄，后续焊道对先前焊道的累积热处理作用越完全，通过一次、两次甚至三次固态相变，使焊缝和热影响区中的部分粗晶转变成细晶，这对提高窄间隙焊接技术中焊接接头组织的均匀性和力学性能的均匀性具有极其重要的意义。

### 三、窄间隙埋弧焊的局限性

窄间隙埋弧焊首先要解决的问题是侧壁的熔合。因为窄间隙埋弧焊所采用的热输入相对来说比较小，焊接参数设置一旦不合适（比如焊丝与侧壁的距离），就极易产生侧壁未熔合或者产生夹渣。在实际的焊接生产过程中，一般要先对焊丝进行适当加工，比如把焊丝拧成螺旋状等。市场上销售的焊机采取的解决方法是使用双丝，其中前导焊丝是弯曲的且指向坡口侧壁，这样可以确保侧壁熔透，后焊丝用于保证焊缝的成形和良好的焊接质量。

其次是如何清理渣壳的问题。因为窄间隙埋弧焊通常采用多层多道焊，在焊接下一焊道之前，只有将渣壳清理干净才能防止夹渣等焊接缺陷的出现。在窄间隙埋弧焊中，清理渣壳的难度很大，因为窄间隙埋弧焊的坡口窄且深，侧壁间的夹角近乎为零，再加上焊接时所产生的变形使清渣更为困难。以上这些特点要求窄间隙埋弧焊使用的焊剂要有更优良的脱渣性。进行窄间隙埋弧焊时，通常要对母材进行预热并且要保持层间温度以达到焊缝的质量要求。焊剂脱渣困难会造成在焊完每一层后都要停下来进行渣壳的清理，这样一来就不易保持层间温度，不仅大大降低焊接效率，同时也会影响焊接接头的质量。原有的埋弧焊焊剂无法满足窄间隙埋弧焊的脱渣性要求，需要使用特制的符合脱渣要求的焊剂。目前国内生产的窄间隙埋弧焊用焊剂有 SJ204SH，CHF-603，SJ101。常用的进口焊剂为日本神钢的 PF-200 等系列焊剂。

最后是难以实施平焊以外的其他空间位置的焊接。由于采用颗粒状的焊剂进行焊接，因此一般只适用于平焊位置（俯位）的焊接。

### 四、工业上成熟的窄间隙埋弧焊技术

到目前为止，工业上比较成熟的窄间隙埋弧焊技术有以下几种。

1）NSA 技术。它是日本川崎制钢公司为碳钢和低碳钢压力容器、海上钻井平台和机器制造而开发的窄间隙埋弧焊。采用直焊丝技术及有陶瓷涂层的特殊的扁平导电嘴。此技术采用单焊道，并采用单焊丝或串列双丝。焊丝直径为 3.2mm，配以 $MgO—BaO—SiO_2—Al_2O_3$ 为基本成分的特殊设计的 KB-120 中性焊剂，使其具有较好的脱渣性。

2）Subnap 技术。它是由日本制铁公司为碳钢和低合金钢的焊接而开发的窄间隙埋弧焊。它采用直焊丝、单焊道和单焊丝或串列双丝。焊丝直径为 3.2mm。为获得较好的脱渣性，特殊设计了主要成分分别为 $TiO_2$—$SiO_2$—$CaF_2$ 和 $CaO$—$SiO_2$—$Al_2O_3$—$MgO$ 的两种焊剂。

3）ESAB 技术。它是瑞典窄间隙埋弧焊设备和焊接材料制造厂家 ESAB 为压力容器和大型结构件的碳钢和低合金钢焊接而开发的。该技术采用双焊道，并采用固定弯丝。

4）Ansaldo 技术。它是由意大利米兰的 Ansaldo T P A Breda 锅炉厂窄间隙埋弧焊设备制造商和用户开发的。它采用固定弯曲单焊丝，每层熔敷多焊道。

5）MAN-GHH 技术。它是由德国 MAN-GHH Sterkrade 公司为核反应堆室内部件的制造而开发的。它采用单焊丝双焊道。

为进一步提高窄间隙埋弧焊的填充效率，在单丝窄间隙埋弧焊的基础上又开发出了双丝、多丝焊接技术。焊丝排列可以采用串列的方式，也可以采用并列的方式，但以串列者居多。以串列双丝焊接为例，可以采用双丝各指向一个坡口侧壁的方式，这样可以每层焊缝只需焊接一道，并且保证侧壁具有良好的熔合效果。同时，多丝焊接时每条焊丝的化学成分可以不同，从而可方便地调整焊缝金属的化学成分和组织。

### 五、窄间隙埋弧焊焊枪

窄间隙焊枪是保证坡口两侧壁熔合和保护焊缝金属的核心部件，其基本功能是实现电极的可靠导电、电弧摆动及对电弧和熔池的保护。

埋弧焊是依靠焊剂来保护熔池的，焊剂的下料和回收管分别安装在焊枪的前后两侧，与焊枪本体无关，从这点来说，焊枪的结构要简单一些，仅需保证焊丝导电和摆动即可，以保证焊接过程稳定和坡口侧壁熔合良好。但由于焊丝较粗，刚性大，要实现焊丝摆动相对困难。目前有三种焊丝摆动和导电嘴的结构。

1）弯曲导电板/杆回转式（见图 6-3）。在焊枪的导电板/杆下部，带有较大前倾角（约20°），有利于焊丝导电。当导电杆转动时，能实现焊丝摆动，其中导电杆式的焊枪特别适用于圆弧形的窄间隙焊缝。

2）扁平导电板摆动、导电嘴为弹簧压紧式（见图 6-4）。即在扁平的焊枪下部有一可左右摆动的导电板，气动或电动摆动轴驱动拨杆，使焊枪下部以摆动轴为轴心左右摆动，导电嘴为两半瓣被弹簧压紧，该结构是目前焊枪的主导结构。但长时间工作时，弹簧发热易导致压紧力下降，使导电嘴的导电性能下降，目前该机构已得以改进。

3）扁平导电板摆动、整体倾斜导电嘴式（见图 6-5）。通过采用带倾角的导电嘴，依靠焊丝自身弹性对导电嘴斜面的压紧力及导电嘴的自身补偿功能，保证焊丝可靠导电。采用交流伺服电动机来摆动焊枪，不受气压限制且可在焊接过程中微调焊枪摆角。

这三种焊枪的结构比较见表 6-1。此外，窄间隙埋弧焊焊枪的结构在不断改进。第一代为单丝窄间隙埋弧焊焊接机头（单丝、机械式焊缝跟踪）；第二代为单丝窄间隙埋弧焊焊接机头（单丝、激光焊缝跟踪）；第三代为双丝窄间隙埋弧焊焊接机头（双丝、激光焊缝跟踪）。最新的双丝窄间隙埋弧焊焊枪如图6-6所示。

图6-3 弯曲导电板回转式结构

图6-4 扁平导电板摆动、导电嘴为弹簧压紧式结构

图6-5 扁平导电板摆动、整体倾斜导电嘴式结构

图6-6 双丝窄间隙埋弧焊焊枪

表6-1 三种窄间隙埋弧焊焊枪结构比较

| 类型 | 焊丝摆动方式 | 焊丝摆动驱动方式 | 导电嘴形式 | 导电嘴前倾角 |
| --- | --- | --- | --- | --- |
| 1 | 弯曲导电板/杆回转式 | 步进电动机 | 整体倾斜式 | 20° |
| 2 | 平板摆动式 | 气动 | 弹簧夹紧式 | 7° |
| 3 | 平板摆动式 | 交流伺服电机 | 整体倾斜式 | 7° |

### 六、窄间隙埋弧焊工艺参数

#### 1. 焊接坡口形式的选择

普通埋弧焊焊接坡口一般为单面V形，如图6-7所示。该焊接坡口对于厚度在30mm以下的

工件是比较合适的，但随着工件厚度的增加，单面 V 形坡口的截面积增加的幅度较大，焊接工作量相应增加很大。因此，对于大厚度工件的焊接，为了减少焊接工作量，焊接坡口也有采用双面 V 形的，如图 6-8 所示。

虽然以上两种焊接坡口形式能够满足普通埋弧焊的焊接要求，但大厚度管道环缝采用双面 V 形坡口时，需要在管道的内、外壁进行双面焊接，小直径管道环缝采用双面焊接时，焊接设备及焊工进入管道进行施焊就比较困难。这种工艺不仅增加了焊接的难度，还恶化了焊接环境，所以为了改善焊接条件，减小焊接工作量，需要对单面 V 形或双面 V 形坡口形式进行改进。

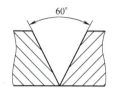
图 6-7　单面 V 形坡口

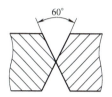
图 6-8　双面 V 形坡口

改进后的焊接坡口如图 6-9 所示。由于焊缝变窄，坡口角度变小，使填充的熔敷金属量明显减少。经比较计算，可减少 30%～50% 的焊接工作量，尤其是在厚板焊接时更为明显。因为窄间隙埋弧焊是利用原有埋弧焊设备进行焊接，在焊接坡口变窄的情况下，需要对焊接设备的导电杆、导电嘴及焊剂料斗进行改进，使导电杆、导电嘴及焊剂料斗能进入焊接坡口，满足窄间隙埋弧焊工艺的要求。

**2. 焊道排列形式的选择**

窄间隙埋弧焊焊道排列主要有三种形式，即每层单道焊、每层双道焊（见图 6-10）及每层三道焊（很少采用）。

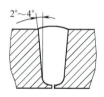
图 6-9　窄间隙 U 形坡口

窄间隙单道焊　窄间隙双道焊
图 6-10　焊道与焊剂性能试验

每层单道焊只能焊接很窄的焊接坡口，但对焊接设备的要求高，对焊剂的脱渣性能要求更为苛刻。由于其工艺性能差，极易引起坡口侧壁未熔合、夹渣和咬边等焊接缺陷。

每层双道焊适合中等厚度钢板的焊接坡口，对焊接设备的要求有所降低，对焊剂的脱渣性能要求也有所降低，焊接工艺性能大为改善，侧壁未熔合、夹渣、咬边等焊接缺陷明显减少。因此，每层双道焊焊道排列形式被广泛地应用于中等厚度钢板的焊接。

每层三道焊适合超大厚度且板较宽的焊接坡口，对焊接设备的要求更低，对焊剂的脱渣性能要求也更为降低，焊接工艺性能大为改善，但填充的熔敷金属量明显增加，因此该焊道排列形式在窄间隙埋弧焊中很少采用。

在厚壁容器环缝的窄间隙埋弧焊焊接工艺试验中，对每层单道焊和每层双道焊的焊道排列形式进行了对比试验，见表6-2。试验结果表明，在窄间隙埋弧焊焊接工艺中，宜采用每层双道焊的焊道排列形式。

表6-2 焊接工艺性能试验结果

| 焊剂牌号 | 焊剂碱度 | 焊道排列形式 | 焊丝与侧壁间距/mm | 电弧稳定性 | 焊渣渣形 | 脱渣性能 | 结论 |
| --- | --- | --- | --- | --- | --- | --- | --- |
| 进口 OP121TT | 3.0 | 单焊道 | 2.5 | 较好 | 较厚、短段 | 较差 | 尚能用于生产 |
| | | 双焊道 | 2.5 | 好 | 厚、长段 | 好 | 能用于生产 |
| 国产 CHF101 | 1.8 | 单焊道 | 2.5 | 较好 | 较厚、粉状 | 差 | 不能用于生产 |
| | | 双焊道 | 2.5 | 好 | 厚、长段 | 好 | 能用于生产 |
| 国产 CHF105 | 2.4~3.0 | 单焊道 | 2.5 | 差 | 较厚、粉状 | 差 | 不能用于生产 |
| | | 双焊道 | 2.5 | 好 | 厚、长段 | 较好 | 能用于生产 |

**3. 焊剂的选择**

焊剂的工艺性能，尤其是脱渣性能是影响埋弧焊焊接质量的关键因素。这主要是由于埋弧焊焊缝焊后形成的焊渣在两侧边缘咬进了焊接坡口的侧壁面，致使焊渣难以从焊接坡口中脱落，从而影响环缝的连续焊接。一旦焊渣清除不干净，则极易形成焊缝夹渣等焊接缺陷，这是影响窄间隙埋弧焊焊接质量的关键因素。

压力管道的焊缝不仅有强度要求，而且还有冲击韧度（特别是低温冲击韧度）要求。为了确保焊缝金属综合性能指标达到标准要求，焊剂一般选择碱性的烧结焊剂。而焊剂碱度是影响焊后脱渣性能的主要因素。碱度越高，熔敷金属的黏度越高，熔敷金属的表面张力越大，此时形成的熔敷金属的表面形状为中间凸起，两边凹陷。此种表面形状极易使焊渣嵌入两边的凹陷处，致使焊渣与两边凹陷处咬合得比较紧，造成焊后脱渣困难，所以要选择碱度合适的焊剂，以确保焊渣的脱渣性能良好。

对几种碱性烧结焊剂（进口OP121TT，CHF101和CHF105）进行的焊后脱渣性能及电弧稳定性的工艺试验，见表6-2。试验结果表明：采用每层单道焊的焊道排列形式，焊后脱渣性能较差，很难应用于窄间隙埋弧焊；而采用每层双道焊的焊道排列形式，焊后脱渣性能有了明显的改善，且国产焊剂基本都能满足每层双道焊的焊道排列形式的焊接要求。从焊后的脱渣性能和经济性方面考虑，选用国产CHF101和CHF105焊剂为宜。在焊接接头力学性能方面，将对焊丝与焊剂的匹配做进一步的工艺试验。

**4. 焊丝直径的选择**

在窄间隙埋弧焊焊接中，一般选用大直径（$\phi 4.0\text{mm}$）焊丝。采用大直径的焊丝可获得较大的熔敷效率，提高焊接生产率。但大直径焊丝刚性大，在原有埋弧焊设备上不利于每层双道焊的焊道排列。因为每层双道焊时，焊接导电杆的头部导电嘴需要靠人工调节，以实现每层双道焊的排列形式，保证两侧壁的熔合。而且大直径的焊丝由于刚性较大，容易造成导电嘴过度磨损，从而影响焊接时焊丝与侧面距离的保持，影响焊接电弧的稳定性和焊后的脱渣性能。因而，从保证焊接质量的角度考虑，对于在原有埋弧焊设备上进行的窄间隙埋弧焊，采用每层双道焊的焊道排列形式时，焊丝直径选用 2.4mm 为宜。

**5. 焊接参数**

焊接参数选择正确与否，是影响窄间隙埋弧焊焊接质量的关键。所以合理地选择焊接参数，才能确保窄间隙埋弧焊焊接过程的稳定。

第一，焊接电流。焊接电流主要是根据焊丝直径及焊接坡口的形式选定的。焊接电流过大，有利于提高焊接熔敷效率，增加焊缝金属的熔深，但对焊后脱渣性能有一定的影响，特别是对焊缝金属的低温冲击韧度影响较大，所以不宜选用过大的焊接电流；焊接电流过小，对焊后的脱渣性能也有一定的影响。所以选择合适的焊接电流对窄间隙埋弧焊至关重要。以 $\phi$2.4mm 焊丝为例，焊接电流一般控制在 400A 以下为宜。

第二，电弧电压。电弧电压是影响焊缝金属的熔深和熔宽的主要参数。对于窄间隙焊接坡口的焊道，应采用较低的电弧电压。但电弧电压过低时，易产生侧壁未熔合的焊接缺陷；电弧电压过高时，易产生侧壁咬边的焊接缺陷，使焊后的脱渣性能变差，影响环缝的连续焊接。为了获得良好的焊接质量，对于每层双道焊焊接工艺，以 $\phi$2.4mm 焊丝为例，电弧电压一般控制在 30～36V 范围内为宜。

第三，焊接速度。焊接速度应与焊接电流和电弧电压相匹配。当焊接电流一定时，过高的焊接速度会导致焊缝未焊透及焊缝表面粗糙，焊渣不易脱落；过低的焊接速度会造成焊缝的余高和熔宽过大，同样会使焊渣不易脱落。焊接电流在 400A 以下时，窄间隙埋弧焊的焊接速度一般控制在 25m/h 左右。

**6. 窄间隙埋弧焊焊接工艺评定试验**

根据已确定的焊接参数，对 15MnNiDR 材料，分别采用国产焊丝 H10Mn2 和 H08MnA，焊丝直径为 2.4mm，与国产焊剂 CHF101 和 CHF105 组合匹配进行焊接工艺性能试验和焊接工艺评定试验。根据焊接工艺性能试验的情况及焊接接头的力学性能试验数据，最终确定最佳的焊丝、焊剂组合匹配。根据材料标准及设计要求，15MnNiDR 的抗拉强度 $R_\mathrm{m} \geqslant 460\mathrm{MPa}$；-45℃横向冲击吸收能量 $KV_2 \geqslant 60\mathrm{J}$。焊接工艺性能试验及焊接工艺评定试验结果见表 6-3。

表 6-3　焊接工艺性能试验及焊接工艺评定试验结果

| 焊丝牌号 | 焊剂牌号 | 脱渣性能 | 电弧稳定性 | 抗拉强度 | 低温冲击韧度 | 结论 |
|---|---|---|---|---|---|---|
| H10Mn2 | CHF101 | 好 | 好 | 满足要求 | 低于标准要求 | 不能用于生产 |
|  | CHF105 | 较好 | 好 | 满足要求 | 满足要求 | 能用于生产 |
| H08MnA | CHF101 | 好 | 好 | 低于要求 | 低于标准要求 | 不能用于生产 |
|  | CHF105 | 较好 | 好 | 低于要求 | 满足要求 | 不能用于生产 |

通过焊接工艺性能试验及焊接接头力学性能试验，试验所选用的国产焊剂 CHF105 与国产焊丝 H10Mn2 的组合匹配，可满足 15MnNiDR 窄间隙埋弧焊焊接工艺的要求，焊接接头的力学性

能能够满足标准及设计要求。

**7. 窄间隙埋弧焊焊接工艺在厚壁容器焊接时的注意事项**

通过对窄间隙埋弧焊焊接工艺试验及焊接工艺评定试验所确定的最佳焊丝、焊剂匹配组合,焊接接头的力学性能满足了材料标准及设计的要求,但这仅是一个开始,对于以后的产品环缝焊接,应灵活应用,并应正确地掌握和选择焊接参数,以获得优质的焊接质量。窄间隙埋弧焊时除了必须严格遵守焊接作业指导书规定的操作要求外,还应注意以下几点:

1)由于高碱度的烧结焊剂容易吸潮,因此在焊接前对焊剂应严格按说明书的规定进行烘干。

2)焊接前应对焊接坡口表面进行严格的清理,特别要去除油污、锈斑等污物。

3)焊接坡口的制备必须严格按照工艺及图样设计的要求进行。

通过对窄间隙埋弧焊工艺参数的优化组合试验,不仅实现了埋弧焊设备施焊厚壁容器窄间隙环缝,而且使厚壁容器环缝焊接的生产率明显提高,焊接材料和能源消耗大大降低,综合成本显著下降。

### 七、窄间隙埋弧焊技术

**1. 精密控制双丝窄间隙埋弧焊**

美国 AMET 公司针对生产中常用的双丝窄间隙埋弧焊设备存在的问题,开发了新型精密控制的双丝窄间隙埋弧焊系统。

(1)窄间隙埋弧焊机头 焊接机头是窄间隙双丝埋弧焊系统的关键技术之一,窄间隙坡口的宽度较小,坡口底部宽度一般不超过20mm,从而要求焊枪厚度较薄,动作灵敏、准确。AMET 公司的双丝窄间隙埋弧焊机头如图 6-11 所示,该机头的最大可焊坡口深度为 400mm。机头的主要组成部分为前枪、后枪、焊剂输送机构、焊剂回收机构、焊剂料斗、激光跟踪头、送丝机。

图 6-11 AMET 公司的双丝窄间隙埋弧焊机头

焊枪采用三层保护处理,以实现对焊枪的保护。导电嘴采用特殊的铜合金制成,导电能力优良,整体刚度大,工作时不产生自由形变,结构设计时采取了分瓣、加长设计的理念,以实现导电嘴与焊丝之间大面积的紧密接触,保证导电的稳定性。焊枪设计为上、下两个枪体,焊接过程中上枪体固定,而下枪体可以沿上枪体上的销轴摆动,以实现焊接电弧向侧壁的偏转。对于共熔池双丝埋弧焊,焊丝间距一般为 15~25mm。机头的前、后枪间距可以通过调距螺杆在 5~50mm 范围内任意调整。两枪夹角也可调,调整范围为 15°~30°。

(2)控制系统 采用多处理器同步控制技术和 ARC-LINK 数字化通信技术,控制系统在同一时钟平台上对每台焊接电源进行控制,可准确地控制每台电源在任意时刻输出电流的大小、频率、相位、波形等参数。通过严格保证电弧间电参数的相对稳定性,明显减轻了电弧间的干扰。

两个电弧可以在控制器中分别编程控制,支持两个电弧具有不同的电流极性、电流相位、直流补偿等电参数。控制系统还支持多段焊接程序连续焊接，工艺人员可以分别对每段程序的焊接时间、电弧极性、电流大小、焊接速度、焊枪摆角等进行设置。

系统还采用激光焊缝跟踪系统，实现对窄间隙坡口的识别与跟踪，严格保证多层多道焊的焊枪的位置，防止咬边等缺陷的发生。控制系统的体系结构如图6-12所示。

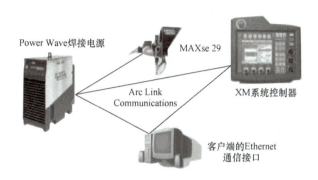

图 6-12 控制系统的体系结构

## 2. SUBNAP 窄间隙埋弧焊方法

SUBNAP是日本制铁公司开发的窄间隙埋弧焊方法，它包括三种类型窄间隙埋弧焊方法，各自的特征见表6-4。

表 6-4 SUBNAP 的方法特征

| 方法 | 坡口 | 板厚/mm | 特征 | 要点 |
| --- | --- | --- | --- | --- |
| 多层单道焊 | U形窄坡口 | ≈150 | 在板厚超过70mm时，节约焊接时间和材料的效果最好 | 1. 焊接规范严格<br>2. 采用脱渣性好的专用焊剂 |
| 多层多道焊 | U形窄坡口 | ≈300 | 用于180mm以上厚板，效果最好 | 1. 脱渣容易<br>2. 焊接参数调节范围宽<br>3. 热输入小，韧性好<br>4. 采用脱渣性和焊缝成形良好的专用焊剂 |
| 多层焊 | 小角度X形坡口 | ≈80 | 在板厚为40~80mm时，节约焊接时间的效果最好 | 1. 在反面清理或焊接反面第一道焊缝处，需要去除未熔合区<br>2. 采用脱渣性好的专用焊剂 |

焊机采用常规的埋弧焊机即可，焊枪需要改造以使导电杆（直径为8~10mm的圆形导电杆或8~10mm宽的矩形导电杆）深入到窄坡口中。焊剂采用专用的NF-1（中性熔炼焊剂）和NF-250焊剂（碱性熔炼焊剂）。

在三种具体的方法中，有必要对多层单道焊进行严格的规范控制。即在多层单道焊时，从焊接时的角变形和脱渣性来考虑，坡口角度不小于3°。从焊剂的堆布、回收和清渣操作的难易程度来考虑，推荐坡口底部的宽度为12mm以上（纵列多丝焊时为14mm以上）。这样，用直径为6~8mm的钢棒制成扁錾，轻轻打击，焊渣便可脱落。多层单道焊时，打底焊道的焊接参数必须有利于防止热裂纹。第二层以后的焊接参数主要考虑以下两点：①在某一个坡口宽度时，焊道成形好，且必须将两坡口壁连接起来；②不产生咬边，并且脱渣容易。能否将两坡口壁连接起来，对于特定坡口宽度来说，取决于是否有充分的熔敷速率（取决于焊接热输入），以及是否有足够的熔宽（取决于电弧电压）。但另一方面，当熔敷速度和熔宽过大时，易造成产生咬边、脱渣性变差等缺陷。

一般来说，单丝多层单道焊时，若采用小电流、低速度（如400A、20cm/min。）焊接打底焊道，只要母材中碳的质量分数不大于0.2%，是可以避免裂纹的。但是当母材中碳的质量分数超过0.2%时，则必须考虑用焊条电弧焊堆焊隔离层或撒上切断的短焊丝。

对于特定的坡口宽度，焊接速度的容许变动范围平均为3cm/min。另外，焊接时必须注意不要使焊剂的堆积高度过大。在窄间隙的情况下，气体的逸出比普通坡口稍微困难些，焊剂堆积过高时，会使电弧不稳，并易使焊道成形不良。

采用多层单道SUBNAP纵列多丝焊时，只要电弧电压稍低一些，焊丝间距小一些（厚度小于15mm时，一般取7～12mm），就能焊出凹形且较宽的优质焊道。常用的多层双道焊的焊接参数见表6-5和表6-6。

如果焊接高强钢和不锈钢，可以使用烧结型低氢焊剂BF-350（用于SUS304）和NB-80A（用于HT80高强钢）。

当母材中的碳含量较高时，由于母材熔入焊缝金属的碳含量增加，使得窄间隙焊接的打底焊道断面形状恶化，对热裂纹敏感，因此必须予以重视。特别是在采用多层单道SUBNAP方法的情况下，因焊道受到坡口宽度的限制，对焊道成形不利，更应予以重视。采用多层双道焊时，由于从打底焊道直到表面层能使用相同的焊接参数，采用纵列多丝焊盘能将焊接热输入控制得很低，焊道多而薄，焊缝金属受到热处理的部分增大，因此能得到高而稳定的韧性。

表6-5 SUBNAP多层双道焊焊接参数

| 坡口 | 焊丝数量 | 焊丝直径/mm | 层 | | 焊丝 | 焊接参数 | | |
|---|---|---|---|---|---|---|---|---|
| | | | | | | 电流/A | 电压/V | 焊接速度/（cm/min） |
| | AC，单丝 | 4.0 | 背面焊道 | 1（1道） | 单丝 | 500 | 27（32） | 25 |
| | | | | 2→最后（2道） | | 600 | 28（33） | 30 |
| | | | 正面焊道 | 1（1道） | | 500 | 27（32） | 25 |
| | | | | 2→最后（2道） | | 600 | 28（33） | 30 |
| | AC/AC，双丝 | 3.2 | 背面焊道 | 1（1道） | 单丝 | 500 | 27（32） | 25 |
| | | | | 2→最后（2道） | 前丝 | 500 | 27（29） | 50（55） |
| | | | | | 后丝 | 500 | 27（29） | |
| | | | 正面焊道 | 1（1道） | 单丝 | 500 | 27（32） | 25 |
| | | | | 2→最后（2道） | 前丝 | 500 | 27（29） | 50（55） |
| | | | | | 后丝 | 500 | 27（29） | |

注：表中（）内为使用焊剂NF-1的规范，其余为使用NF-250的规范。

表 6-6 不锈钢多层双道焊焊接参数

| 坡口 | 焊丝直径/mm | 层数 | 焊接参数 | | | |
|---|---|---|---|---|---|---|
| | | | 道 | 电流/A | 电压/V | 焊接速度/(cm/min) |
| （图示坡口：2°，深度100，R8，底部宽10） | 4.0 | 1层2道 | 1 | 450 | 32 | 45 |
| | | | 2~3 | 500 | 32 | 40 |
| | | | 4-最终 | 550 | 32 | 35 |

### 3. 大厚度窄间隙埋弧焊

大厚度窄间隙埋弧焊设备可以应用于厚壁压力容器的主环缝焊接，是厚壁压力容器焊接的关键技术，是生产企业承接核电设备中的压力壳、大型煤制气成套设备中煤液（汽）化反应器、大型乙炔设备中的加氢反应器等产品生产制造必不可少的生产装备。

哈尔滨焊接研究所研制的数字化控制的大厚度窄间隙埋弧焊设备，其执行机构采用交流伺服电动机驱动，全闭环控制；大厚度焊接专用焊枪，能够焊接 600mm 的坡口深度，并可确保焊枪可以长时间连续工作；整机具有完善的自动控制功能；横向跟踪和高度跟踪传感器采用光电编码器；焊接参数预置、监测、修改、存储、故障自诊断等实现全数字化控制；焊接区域监控显示；配有大盘焊丝（150kg 以上）远距离同步辅助送丝机构。机头照片如图 6-13 所示。

图 6-13 哈尔滨焊接研究所开发的大厚度窄间隙埋弧焊机头

### 任务布置

撰写报告，写出窄间隙埋弧焊方法的种类及特点。

可扫描二维码查看任务相关资源。

窄间隙埋弧焊

## 任务 3　窄间隙 TIG 焊

### 任务解析

通过本任务，使学生能够熟悉窄间隙 TIG 焊基础知识，了解窄间隙 TIG 焊基本方法（HST

窄间隙热丝 TIG 焊和 MC 窄间隙热丝 TIG 焊），熟悉窄间隙 TIG 焊焊接设备和基本知识，了解大壁厚焊接工艺实例应用。

## 必备知识

窄间隙 TIG 焊（NG-TIG 焊）继承了 TIG 焊焊缝质量好、可控参数多、适用于各种位置焊接及全位置焊的优点，常用于重要合金结构件，如压力容器、核电站主回路管道、超高临界锅炉管道等的焊接。图 6-14 为窄间隙 TIG 焊焊接设备。

对于厚度不大于 20mm 的工件，采用窄间隙 TIG 焊时，可开间隙为 6～8mm 的 U 形或 V 形坡口，利用常规焊枪，加大钨极伸出长度和保护气流量就可以进行焊接。对于厚度超过 20mm 的工件，就必须使用特殊的窄间隙 TIG 焊枪，以便深入到坡口中进行焊接。

图 6-14　窄间隙 TIG 焊焊接设备

在窄间隙 TIG 焊中，为保证热输入充分，避免坡口侧壁熔合不良，可采用脉冲焊或磁控电弧摆动的方式进行焊接，也可以采用钨极(焊枪)机械摆动的方式。焊接厚板时，为保证侧壁熔合效果，一般来说必须采用钨极（焊枪）摆动措施。另外，尽管窄间隙 TIG 焊填充效率较常规大坡口 TIG 焊有了显著提高，但和其他窄间隙焊接方法相比，填充效率仍然偏低，亦可采用热丝填丝方法，这方面的技术已经成熟。

目前，世界上有多家公司已经开发出了成熟的窄间隙 TIG 焊设备，常用的有 Polysude、ESAB、Liburdi、Babcock-Hitachi 等公司的产品。

### 一、窄间隙 TIG 焊简介

窄间隙钨极氩弧焊技术在四十余年国内外研发过程中，迄今为止是应用最少的。其技术和经济优势相对于上述几种焊接技术而言主要是：窄间隙钨极氩弧焊热输入小、电弧稳定性好、没有飞溅、没有夹渣、焊接缺陷少、焊缝强度和韧度高。应用较少的关键原因是：电弧发散，能量密度低，熔敷速度低，导致生产率比较低。

超高强钢的使用促进了 TIG 焊在窄间隙焊接中的应用，一般认为 TIG 焊是焊接质量最可靠的焊接工艺之一。由于氩气的保护作用，TIG 焊可用于焊接易氧化的非铁金属及其合金、不锈钢、高温合金、钛及钛合金以及难熔的活性金属（如钼、铌、锆）等，其接头具有良好的韧性，焊缝金属中的氢含量很低。由于钨极的载流能力低，因而熔敷速度不高，应用领域比较狭窄，一般用于打底焊以及重要的结构中。

当 TIG 焊用于窄间隙焊接时，一般采用热丝焊接，即给填充焊丝通电预热，再进行焊接的方法。但是，通入焊丝的电流引起的磁偏吹是一个普遍的问题。目前广泛采用的窄间隙 TIG 焊方法有：HST 窄间隙热丝 TIG 焊和 MC 窄间隙热丝 TIG 焊。

## 二、HST 窄间隙热丝 TIG 焊

### 1. 原理及设备

HST 窄间隙热丝 TIG 焊是由日本 Babcock-Hitachi 公司开发的焊接技术，热丝电流和焊接电流采用交替脉冲方式，以避免磁偏吹对焊接的影响。窄间隙热丝 TIG 焊原理和设备如图 6-15、图 6-16 所示。HST 焊接方法中，设置有两个电源：一个是给电弧送电的焊接电源，另一个是给焊丝加热的热丝电源。

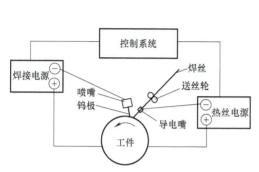

图 6-15　窄间隙热丝 TIG 焊原理图　　图 6-16　窄间隙热丝 TIG 焊设备图

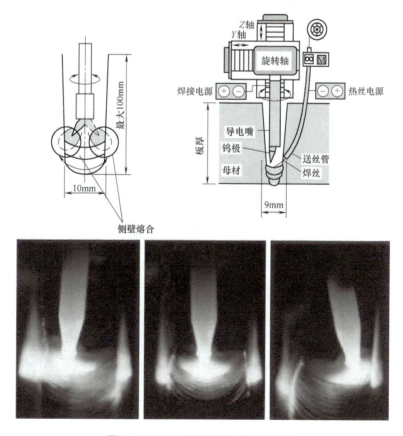

图 6-17　HST 电极转摆形成的摆动电弧

HST 方法采用电极转摆方式来保证坡口的侧壁熔合良好。在焊接过程中，特殊形状的电极左右摆动，电弧依次对坡口两侧加热。同时，在转摆的过程中系统实时监测电弧电压，可以有效地实现弧高调节及窄间隙坡口的对中，监测到的电弧电压变化还可以用于调节摆动的宽度，以适应坡口宽度的变化，如图 6-17 所示。

HST 窄间隙焊时，如果母材厚度小于 30mm，利用普通焊枪仅将钨极加长即可焊接。当母材厚度大于 30mm 时，要采用专用焊枪。在专用焊枪中，钨极端部被弯成特定的形状，以便能够在转动时靠近坡口的两侧。

日本 AICHI 公司也开发了类似的窄间隙热丝 TIG 焊技术，只不过其钨极端部不弯曲，而是将钨极端头磨出一定斜度，钨极在焊接过程中围绕坡口中心旋转，从而使焊接电弧发生偏转，以保证侧壁熔合良好。

HST 方法采用直径为 1.2mm 的焊丝，从焊接前方送丝。当提高熔敷速度进行高效焊接时，可从焊接后方送丝，填充焊丝近乎与钨极平行。该方法不受焊接材料的限制，因为偏吹小，也适用于焊接铝、铜等有色金属，图 6-18 为焊缝成形图。

**2. 焊接参数**

电流波形如图 6-19 所示，在 HST 焊接方法中，在电弧中通过高电流（$I_{AP}$）的时间内，焊丝电流为零；当焊丝通电时（$I_{WP}$），电弧电流（$I_{AB}$）则很小，仅能维持电弧燃烧而已。电源这样对电弧和焊丝交互送电。

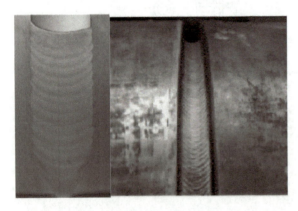

图 6-18　热丝 TIG 焊焊缝成形图

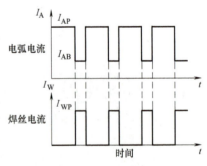

图 6-19　HST 焊接方法原理图

当电弧电流为峰值时，焊丝电流为零，不产生磁偏吹。当焊丝通电时，由于焊丝电流的作用，电弧被拉向焊丝一侧。但是，电弧的基值电流要比峰值电流低得多，使母材熔化的电弧主要是在峰值电流通过时产生的，因此基值电流通电期间不管是否产生磁偏吹，也不会起到任何作用。

在普通热丝 TIG 焊中，除了电弧电流、焊丝电流对磁偏吹有影响外，焊丝插入位置、方向、电弧长度等都会影响磁偏吹状况，施焊时要考虑这些方面的影响。采用 HST 方法焊接时，由于电弧为脉冲电弧，所以声音小，焊丝加热电流高时也不必担心磁偏吹，仍可以顺利施焊，这是它的重要特征。

### 三、MC 窄间隙热丝 TIG 焊

为了提高 TIG 焊的焊接效率，很早以前就开始研究提高填丝熔化速度的热丝 TIG 焊方法。

但是，在全位置条件下，单纯依靠提高焊丝熔化速度是不行的，随着熔敷金属质量的增加，在重力作用下，熔敷金属会向下流淌。为了防止这种现象，必须根据填丝的送进量相应地提高焊接速度。给填充焊丝通以直流电，并利用它产生的磁场使 TIG 电弧偏向焊接前进的方向，进而达到提高焊接速度和熔敷速度的目的，这就是 MC 窄间隙热丝 TIG 焊方法，该技术由日本 Kobel 公司开发。

MC 是 Magnetic Control（磁控）的缩写，其意思是利用磁场来控制电弧。图 6-20 所示为该方法的原理图。该方法分为前方送丝和后方送丝两种，图 6-20 所示为后方送丝法。送丝位置发生变化时，只需改变通入焊丝的电流方向，就能够保证 TIG 电弧偏向前进方向。TIG 电弧的偏移量，由 TIG 焊接电流和通入焊丝的电流大小来决定。根据 TIG 焊接电流的大小，只要相应地变化填充焊丝的电流值，就能得到适宜的电流状态。

这种方法是利用焊丝通电产生的磁场来控制焊接电弧的偏转，是在电弧的后方送丝，焊丝中通过 100A 以上的直流加热电流，使电弧偏向焊接前进方向，相当于前进法 TIG 焊。该方法的特点是通过焊丝加热电流和送给位置调整电弧偏移距离和倾斜角度，进而改善焊缝成形，使其即使在高速焊接时也不会产生咬边，见图 6-21。

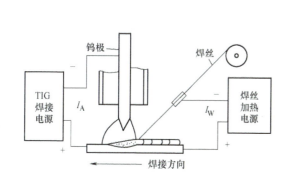

图 6-20　MC 窄间隙热丝 TIG 焊原理　　　　图 6-21　MC 窄间隙热丝 TIG 焊规范区间

MC 窄间隙热丝 TIG 焊时，在 360° 全位置上都采用同一焊接规范，操作比较简单，并采用双重气体保护。

### 四、窄间隙 TIG 焊的应用

目前，国内外采用管道全位置气体自动保护焊的工艺主要有 TIG 焊工艺和 MIG 焊工艺，而这两种工艺主要应用于小直径薄壁管的焊接。对于大厚壁管，尤其是直径大于 350mm、壁厚大于 50mm 钢管的焊接，通常采用氩弧焊打底手工电弧焊填充和盖面的工艺，也就是通常说的氩电联合焊工艺。其坡口形式大多采用双 U 形组合坡口，焊接时采用单层多道焊。氩电联合焊接工艺的坡口宽，焊接熔敷金属的填充量大，焊接材料消耗量大，焊接周期相对较长，而且手工焊生产率低，焊接质量不稳定，受人为因素影响较大。

为了克服现有厚壁大直径管氩电联合焊接工艺存在的不足，经过试验分析、研究，设计出一种适合厚壁大直径管焊接的坡口形式以及适用于该种坡口的窄间隙 TIG 全位置自动焊工艺，提高了焊接效率，减少了焊接材料填充消耗；同时，改进了管道全位置焊接自动焊机，有效提高了窄间隙焊接侧壁熔透能力。

下面介绍窄间隙 TIG 焊的应用——厚壁大直径管窄间隙 TIG 自动焊工艺。

### 1. 窄间隙坡口

对于直径大于 350mm，壁厚大于 50mm 的厚壁大直径管窄间隙 TIG 自动焊，在传统的氩电联合焊接工艺坡口的基础上，通过反复的试验与改进，得到了厚壁大直径管窄间隙自动焊工艺的坡口形式和尺寸，如图 6-22 所示，通过与图 6-23 所示传统的氩电联合焊接工艺的坡口相比，坡口宽度明显变窄，坡口的最大宽度由 40～50mm 减小为 20～25mm，同时坡口的形状也明显不同。

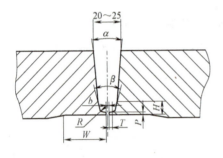

图 6-22　厚壁大直径管窄间隙
TIG 自动焊坡口形式

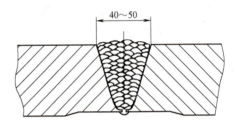

图 6-23　厚壁大直径管窄间隙氩弧焊
+ 手工电弧焊坡口形式

厚壁大直径管窄间隙 TIG 自动焊工艺的坡口属于组合坡口，该坡口包括上坡口和下坡口，上坡口角度 $\alpha=5°\sim10°$，下坡口角度 $\beta=20°\sim50°$，下坡口角度 $\beta$ 限定了下坡口钝边和从下坡口钝边的底部突出的根部钝边，根部钝边宽度 $T=2\sim4$mm，根部钝边高度 $P=1.5\sim3$mm，下坡口的高度 $H=10\sim25$mm。下坡口角度 $\beta$ 大于上部坡口角度 $\alpha$，上钝边与下钝边相交。相对的两个根部钝边之间的间隙构成组对根部间隙 $b$，$b=0.5\sim1$mm。管道内部有膛口，膛口宽度 $W=30\sim60$mm。

### 2. 焊接工艺

（1）焊前准备　窄间隙 TIG 焊焊前清理是保证焊接质量的重要环节，尤其对坡口内外两侧的清洁要求较高，钢管坡口边缘及内、外壁 50mm 左右的范围内要求加工至露出金属光泽，工件及焊丝清理后要保持清洁。为了减小焊丝填充量，在保证焊枪能够靠近坡口底部的情况下，应尽量选择较小的坡口尺寸，钝边尺寸及组对间隙也要严格控制，以满足全位置自动焊接的要求。

（2）焊接参数　在一定条件下，电弧长度与电弧电压呈线性关系，可通过调节焊接电压控制电弧长度。电弧电压对坡口侧金属的熔化深度有重要影响，提高电弧电压能增大弧长和电弧热功率，加大坡口两侧壁的熔化深度。采用两个电压参量，分别对应焊接电弧基值电流和峰值电流，使基值电流和峰值电流对应两个电弧长度，并且弧长差别可控。

在打底焊步骤中，设定焊接电源电压基值范围为 0～5V，电压峰值范围为 8～10V，电流基值范围为 70～220A，电流峰值范围为 160～280A，焊丝基值送丝速度为 0～70cm/min，焊丝峰值送丝速度为 15～80cm/min，焊接速度为 5～13cm/min，焊丝直径范围为 $\phi$0.8～$\phi$1.2mm。

在填充焊步骤中，设定焊接电源电压基值范围为 0～5V，电压峰值范围为 9～13V，电流基值范围为 120～310A，电流峰值范围为 190～390A，焊丝基值送丝速度为 0～165cm/min，焊丝峰值送丝速度为 50～175cm/min，焊接速度为 5～15cm/min，焊丝直径范围为 $\phi$0.8～$\phi$1.2mm。

### 3. 焊接实例

以 $\phi$840mm×60mm 大直径厚壁不锈钢管为例，阐述窄间隙 TIG 自动焊工艺，其主要焊接参数见表 6-7。

表 6-7　$\phi$840mm×60mm 大直径厚壁不锈钢管窄间隙 TIG 自动焊焊接参数

| 焊层 | 焊接电压/V | | 焊接电流/A | | 送丝速度/(cm/min) | | 保护气体流量/(L/min) | | 焊接速度/(cm/min) |
|---|---|---|---|---|---|---|---|---|---|
| | 基值 | 峰值 | 基值 | 峰值 | 基值 | 峰值 | 正面 | 反面 | |
| 打底 | 0～5 | 8～9 | 70～120 | 150～230 | 13～65 | 25～80 | 60～70 | 10～25 | 10～13 |
| 填充 | 0～5 | 9～10 | 100～240 | 200～330 | 80～140 | 90～160 | 25～70 | — | 9～13 |
| 盖面 | 0～5 | 10～12 | 110～170 | 180～290 | 40～100 | 50～110 | 25～70 | — | 9～13 |

在进行打底焊时，定位焊宜选择小的焊接参数，随着焊道层数的增加，焊缝截面尺寸不断增大，为了保证坡口侧壁的良好熔合，在焊接过程中需要增大焊接电压和焊接电流的基值与峰值。

不锈钢与碳钢的焊接参数不同，在坡口形式、尺寸和焊接材料直径一致的情况下，整个管道焊接参数的变化是一个动态过程，只有当焊接参数相互匹配，才能获得高质量的焊缝。

### 4. 注意事项

1）大直径厚壁管深坡口中打底层焊道焊接时，若使用普通焊枪焊接，则很难伸入坡口中，喷嘴距离电弧区较远，出自喷嘴的保护气体不能有效地保护电弧区，容易使焊缝产生蜂窝状气孔。另外，焊枪不能深入坡口，焊丝伸出长度过长，起弧困难。随着焊接层数的增加，焊丝伸出长度的变化又将影响焊接参数的稳定性。为此，需要设计能够伸入窄间隙坡口中的水冷导电嘴及能向窄而深的坡口输送保护气体的专用焊枪。

2）窄间隙 TIG 焊时，在施焊过程中，打底焊要保证管道内表面成形以及侧壁熔合良好，宜选用较小的焊接参数；填充焊要保证焊道之间没有未熔合，焊缝里没有气孔、裂纹等缺陷，并且焊接参数的选择必须具有一定的效率；盖面焊可以采用线性焊道或摆动焊道进行焊接，合理的焊接参数主要是为了保证良好的焊缝外观，并防止产生表面未熔合和咬边等缺陷。

## 任务布置

写出窄间隙 TIG 焊的工艺流程及要点。

## 任务 4　窄间隙 GMAW

### 任务解析

通过本任务，使学生能够熟悉窄间隙 GMAW 基础知识，了解窄间隙 GMAW 的发展，熟悉窄间隙 GMAW 分类方法和基本焊接原理，掌握窄间隙 GMAW 焊接参数对焊缝成形的影响。

### 必备知识

熔化极气体保护焊（GMAW）利用电弧热将焊丝熔化形成熔滴，熔滴过渡到熔池中与母材熔化的金属共同形成焊缝。通常需要气体保护电弧、熔滴和熔池。根据保护气体的不同，GMAW 可分为熔化极惰性气体保护焊（MIG 焊）和熔化极活性气体保护焊（MAG 焊）。前者使用 Ar 或 He，后者使用 $CO_2$ 或者 $Ar+CO_2$ 的混合气。GMAW 可以采用实心焊丝或者药芯焊丝，药芯焊丝的熔敷率高、电弧稳定性好、熔透性能好，但焊后或者层间需要清渣。

GMAW 使用直流电源或者交流电源，熔滴以短路过渡、脉冲或喷射形式过渡。正是由于 GMAW 具有生产率高、焊缝性能好、适用材料广、施焊位置灵活、可以采用半自动焊或自动焊等特点，使其在生产中得到了广泛的应用。

窄间隙熔化极气体保护焊（NG-GMAW）是 1975 年后开发成功的，这一工艺采用特殊的焊丝弯曲结构以使焊丝保持弯曲，从而解决了坡口侧壁的熔合问题。如前所述，在各种窄间隙焊接方法中，NG-GMAW 的气体保护、焊丝对中和缺陷形成等各种问题最具代表性，其质量控制是窄间隙焊接研究的重点和难点。由于这种方法适用的焊板厚大（可达 400～600mm）、焊缝质量好、效率高、不需要层间清渣，因此成为应用最广泛的一类窄间隙焊接方法。

当板厚大于 35mm 时，需要使用特制的 NG-GMAW 焊枪。这类焊枪与 NG-TIG 焊枪类似，前端都呈现扁平状，以便能够深入到窄间隙坡口中（坡口间隙 < 12mm），水、电、气、丝等都需要通过这个扁平焊枪前端导入到坡口内部，焊枪结构复杂，加工精度要求高，成本高。

#### 一、NG-GMAW 的发展

NG-GMAW 最早始于 20 世纪 70 年代，该技术的主要开发商之一是 Babcock Hitachi KK，所制造的设备在 1977 年由 Babcock 和 Wilcox 大量地应用在了电站和核电的压力容器的焊接中。Babcock Hitachi 攻克了侧壁未熔合的难关。GMAW 在窄间隙中应用的最大挑战是熔滴位置必须精确控制，这需要短弧长和短路过渡，但会在侧壁和焊枪上形成飞溅，而且容易导致电弧在侧壁放电，使得电弧攀爬到侧壁上，并回烧到导电嘴。Babcock Hitachi 通过采用脉冲焊接参数以维持短弧长，同时利用滑块将焊丝在送入导电嘴之前折曲成波浪形，电弧在折曲的焊丝端头燃烧，周期性地变换方向，指向不同的侧壁，从而增大对侧壁的热输入，消除了侧壁未熔合缺陷。工艺试验结果表明，对于 100mm 厚的 SA516 Gr70 材料，焊缝的抗拉强度为 584MPa，在材料经过 625℃加热、4h 保温的焊后热处理后抗拉强度为 475MPa。比较 NG-GMAW 和 NG-SAW 焊缝中的氢含量，结果显示 NG-SAW 焊缝中的含氢量是 NG-GMAW 焊缝中的 5 倍。

日本神户制钢（Kobel Steel）采用麻花焊丝法开发了 NG-GMAW 技术并进行了焊接试验，结果表明，经过 620℃加热、保温 12h 的焊后热处理后，焊缝抗拉强度达到 579MPa。

NG-GMAW 在一些关键的项目中被广泛使用。例如，法国 DCAN 船厂在潜艇外壳（厚度为 100mm）的制造中使用了 NG-GMAW 技术，日本的压水反应堆（PWR）制造也采用了此技术。NG-GMAW 的应用大部分集中在 20 世纪 80 年代的日本，近些年国外对 NG-GMAW 研究得较少。国内主要是一些高校于 2003 年开始进行相关装备和工艺的研究，其中包括哈尔滨工业大学、江苏科技大学和武汉大学等，但未见在工厂应用的报道。国外 NG-GMAW 的应用主要集中在三菱重工（Mitsubishi Heavy Industries）、巴比库克－日立（Babcock Hitachi）、日本制铁（Nippon Steel）、阿海珐核电（Areva NP）和川崎重工（Kawasaki Heavy Industries）等厂商。

NG-GMAW 的焊接速度为 180～350mm/min，熔敷率取决于焊丝直径和焊接参数，一般为 1.9～9.1kg/h。如果焊接内径为 1m、壁厚为 150mm、坡口间隙为 12mm 的环缝，则需要 55kg 的焊丝，焊接时间为 6～28h。

GMAW 可以用于全位置焊接，理论上 NG-GMAW 亦可如此。但从目前的报道来看，NG-GMAW 仅限于平焊、向下立焊和横焊。

## 二、NG-GMAW 的分类

NG-GMAW 焊接过程中，由于侧壁与焊丝夹角很小，容易造成电弧对坡口侧壁热输入的不足，导致侧壁熔合不良，这是 NG-GMAW 非常突出的问题。据相关文献报道，NG-GMAW 主要分为两类，一类是通过控制电弧或焊丝来实现电弧对侧壁的加热，另一类主要通过工艺参数控制实现窄间隙焊接。前者又分为麻花状焊丝旋转式、波浪式焊丝式、机械摆动式等。后者包括采用大直径焊丝、脉冲控制、药芯焊丝交流焊等。NG-GMAW 的分类见表 6-8。

表 6-8　NG-GMAW 的分类

|  | 焊丝不变形NG-GMAW | 焊丝变形NG-GMAW |  |
| --- | --- | --- | --- |
| 控制工艺参数 | 采用大焊丝伸出长度（1P/L，2P/L） |  | 电弧不摆动 |
| 控制工艺参数 | 采用大直径焊丝、交流焊（1P/L，2P/L） |  | 电弧不摆动 |
| 采用2根及2根以上焊丝 | 双丝窄间隙焊（Twin wire）（1P/L） | 双丝窄间隙焊（Tandem wire）（1P/L） | 电弧不摆动 |
| 单丝 |  | 麻花状焊丝旋转式（1P/L） | 电弧旋转 |
| 单丝 | 导电嘴旋转式（1P/L） | 螺旋形焊丝旋转式（1P/L） | 电弧旋转 |
| 单丝 | 导电嘴机械摆动式 | BHK方式（1P/L） | 电弧摆动 |
| 单丝 |  | 折曲焊丝方式（1P/L） | 电弧摆动 |

**1. 导电嘴摆动式 NG-GMAW**

导电嘴弯曲，与焊枪轴线之间的夹角为 3°～15°。在电动机的作用下，沿着焊缝横截面任意摆动。可以设定摆动停留时间、摆动频率和摆动速度。其原理如图 6-24 所示。

## 2. BHK 方式 NG-GMAW

利用机械摆动器将焊丝在送入送丝轮之前形成波浪形,从而实现电弧摆动,如图 6-25 所示。在窄间隙坡口中电弧在焊丝端头燃烧,周期性地变换方向,指向不同的侧壁,从而增大对侧壁的热输入。摆动幅度、频率及速度均独立于送丝速度设定。

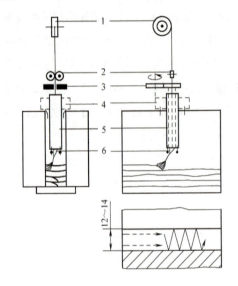 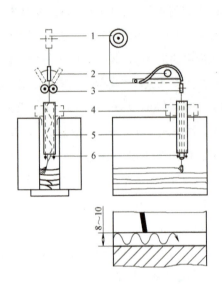

图 6-24 导电嘴摆动式 NG-GMAW 原理图
1—送丝盘  2—送丝轮  3—旋转机构  4—保护气罩
5—导丝管和保护气管  6—导电嘴

图 6-25 BHK 方式 NG-GMAW 的原理图
1—送丝盘  2—焊丝摆动机构  3—送丝轮
4—保护气罩  5—导丝管和保护气管  6—导电嘴

采用 BHK 方式仍然需要特制导电嘴,但由于不需要特殊焊丝,并且理论上适焊厚度没有限制,因此是目前应用最为广泛的 NG-GMAW 焊接方式。

也可以利用成形齿轮啮合,使焊丝在送入送丝轮之前变成波浪形,这种方式称为折曲焊丝式。同 BHK 方式类似,在焊丝送出导电嘴之后形成摆动电弧,摆动频率为 250 ~ 900Hz,适合的坡口形式为 V 形窄间隙坡口,角度为 1°~ 4°。其原理如图 6-26 所示。

### 3. 单丝旋转电弧式 NG-GMAW

(1)导电嘴旋转式 NG-GMAW  焊丝从偏心导电嘴的偏心孔伸出,在电动机和齿轮副的带动下旋转,从而增加电弧在侧壁燃烧的时间。这种方法的原理比较简单,但齿轮副传动稳定性较差,并且在焊丝与偏心导电嘴之间既有径向磨损又有周向磨损,使导电嘴磨损非常严重。后来,又开发出了利用空心电动机代替齿轮副的方式,但导电嘴的磨损问题仍没有得到解决。近几年又有学者提出了利用焊丝锥形旋转的方式,解决了导电嘴磨损问题。这种方式使用直径为 1.2mm 的焊丝,旋转频率为 100 ~ 150Hz。

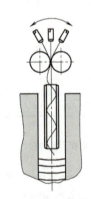

图 6-26 折曲焊丝式 NG-GMAW 原理图

(2)螺旋形焊丝旋转式 NG-GMAW  这种方式是让焊丝呈螺旋状弯曲,从而使电弧产生旋转。同样采用直径为 1.2mm 的实心焊丝,旋转频率为 120 ~ 150Hz,焊丝端部旋转直径为 2.5 ~ 3mm。

可以焊接坡口间隙为 9 ~ 12mm、厚度达 200mm 的焊缝。

### 4. 麻花状焊丝旋转式 NG-GMAW

麻花状焊丝旋转式 NG-GMAW 也叫双绞丝 NG-GMAW，如图 6-27 所示，利用两根绕在一起的焊丝纠结成麻花状，深入到坡口间隙中，电弧轮流在两条焊丝端头燃烧，宏观上呈现旋转的效果，从而增大了对侧壁的热输入。但这种方式需使用特制焊丝和导电嘴，并且麻花状焊丝对导电嘴磨损较大，因此这种方法仅在日本少数企业得到了应用，并不普及。

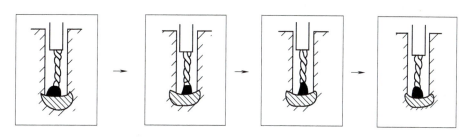

图 6-27 麻花状焊丝旋转式 NG-GMAW 原理图

### 5. 双丝窄间隙焊

利用导电嘴弯曲成一定角度（Twin wire）或焊丝弯曲（Tandem wire）的方式，使两根焊丝分别指向不同的坡口侧壁，从而增加对侧壁的热输入。通常使用 $\phi 0.8 \sim \phi 1.2$mm 的焊丝。由于热输入较小，主要用于焊接高强钢和热敏感性较高的材料，也大量应用于窄间隙横向焊接，此时前丝形成的焊道抑制后丝熔池金属下溢，起到控制横焊成形的作用。

### 6. 超窄间隙焊

一般情况下，当间隙小于 7mm 时，NG-GMAW 电弧不能稳定燃烧；间隙在 5mm 以下时，焊接无法进行，甚至会烧毁导电嘴。

（1）贴覆焊剂片超窄间隙焊 该方法由兰州理工大学朱亮等人开发，在坡口的两侧壁上贴覆焊剂片，焊剂片的成分主要以大理石和萤石为主。焊剂片熔点高，导电性差，可以抑制电弧沿侧壁攀升，并且还能起到稳弧和造渣、造气的作用。在适当的焊接规范下，可以实现间隙为 3.5mm、热输入为 5kJ/cm 以下的超窄间隙焊接。但这种方法所用焊剂片的制造和贴覆不很容易。

（2）摆动电弧超窄间隙焊 日本学者中村照美于 1998 年开发了超窄间隙 $CO_2$ 气体保护焊，间隙为 5mm。为了改善焊缝成形，采用脉冲电流、电压控制电弧在坡口内上下摆动，如图 6-28 所示。

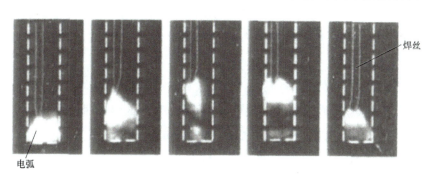

图 6-28 超窄间隙焊接过程示意图

通常所说的超窄间隙焊就是指这种方法。武汉大学张富巨等人在此基础上采用超低飞溅率波形控制脉冲逆变电源，开发了超窄间隙 MAG 焊方法。

超窄间隙焊的热输入一般小于 10kJ/cm，热影响区只有 1～2mm，非常适于高强钢、细晶粒钢和超细晶粒钢的焊接。张富巨采用此法试焊了 980 钢，焊缝没有出现脆硬现象，拉伸试验结果表明焊缝与母材等强，热影响区的冲击吸收能量仅减少 17.90%。

**7. 直流正极性窄间隙焊**

在直流反极性（DCEP）焊接，特别是在电流较大时，容易形成指状熔深而在焊缝中心产生裂纹。为解决这个问题，美国和日本等国家先后提出了直流正极性（DCEN）焊接方法。哈尔滨锅炉厂和哈尔滨焊接研究院有限公司也对窄间隙直流正极性焊进行了研究。正极性焊接时熔深较浅，焊缝成形系数大，结晶裂纹的倾向有所减小。电流为 550A、根部间隙为 13mm 时，正极性焊接的焊缝成形系数为 0.7，而反极性焊接时仅为 0.9。并且由于熔化极焊接时阴极产生的热量高于阳极，正极性焊时的熔化速率比反极性时提高 50%。窄间隙中正极性焊接过程稳定，熔滴以较快的速度规律性地过渡，飞溅很少，焊缝成形均匀。

直流正极性窄间隙焊时，电弧张角较大，电弧由底部转移到侧壁燃烧，过渡形式由滴状过渡变为射流过渡。随着间隙的减小，射流现象越发明显，过程越发稳定。随着间隙的减小，直流正极性焊时的电弧张角变大，射流过渡时焊丝前端的液锥变长；直流反极性焊时的电弧张角和液锥长度几乎不变。

直流正极性焊对设备几乎没有特殊要求，完全可以利用现有的焊接设备，但最大的缺点就是最佳规范参数区间较窄，各参数之间必须配合得很恰当才能保证接头的质量；而且热输入较大，多为 30～40kJ/cm，因此，这种方法在重要结构的焊接中未得到广泛应用。

### 三、NG-GMAW 焊接参数的影响

**1. 焊缝成形系数的影响**

窄间隙焊接采用多层焊，每层的焊缝形状不仅影响该层的接头质量，还直接影响后面的焊接过程。焊缝成形系数（熔深/熔宽）是一个重要的衡量指标。研究认为，焊缝成形系数越大，越容易产生热裂纹，所以在侧壁的拘束下，窄间隙焊缝容易产生热裂纹。同时，对于相同的成形系数，热输入越大，越容易产生裂纹，但当成形系数小于 0.8 时，即便很高的热输入也不会出现裂纹。所以，在窄间隙焊接中，应当控制焊缝成形，增大侧壁熔深，避免产生指状熔深。

另一个重要的指标是焊缝表面下凹量。已经证明，如果多层焊缝的每层焊道表面具有凹形面，并且与坡口侧壁间过渡圆滑，就可以得到没有层间缺陷的焊接接头，普遍认为表面下凹量越大越好。

**2. 根部间隙的影响**

窄间隙焊接中重要的参数是根部间隙。一般间隙为 8～9mm 处侧壁熔深达到最大值，焊接规范区间也最宽。通过试验发现，在间隙超过 8mm 时不容易产生热裂纹，而且从装配精度、焊接效率等角度考虑，窄间隙 GMAW 焊的间隙一般以 8～10mm 为宜。

**3. 电弧电压的影响**

在焊接参数中，对焊缝影响最大的是电弧电压。电压升高则弧长增加，可以增大熔宽；但电压过

高，会造成咬边，严重时会造成侧壁起弧，进而混入杂质，烧毁导电嘴，使焊接无法进行。日本学者小野英彦采用高速摄影对高电压、低电流时产生咬边的机理进行了研究，认为直流反极性电弧不摆动时，电弧大部分集中于底部，在侧壁上的熔深较小，更多的是预热作用，但熔化金属流动性较强，在电弧力的作用下沿侧壁流向熔池后方，可以达到侧壁较高的位置，熔化较多的侧壁金属。若表面张力不能支撑大量的熔融金属，凝固时就会产生下溢现象，形成咬边。

### 4. 保护气体的影响

保护气体的选择对焊缝成形十分重要，各种混合保护气对焊缝成形和飞溅的影响见表 6-9。采用纯 Ar 时不仅使焊缝呈指状熔深，极易产生裂纹，而且流动性差，不利于窄间隙焊缝表面下凹的形成；$Ar+CO_2$ 混合气体保护使焊缝具有较小的焊缝成形系数，良好的表面成形，较小的飞溅，这些特性都非常适合窄间隙焊接，而加入 $O_2$ 会使飞溅增加，所以一般熔化极窄间隙焊接保护气体多为 $Ar+CO_2$。

表 6-9 保护气体对焊缝成形和飞溅的影响

| 对比项目 | 保护气体类型 | | | | |
| --- | --- | --- | --- | --- | --- |
| | $CO_2$ | $Ar+CO_2$ | Ar | $Ar+O_2$ | $Ar+CO_2+O_2$ |
| 焊缝外观 | 良好 | 良好 | 不良 | 起氧化皮 | 较好 |
| 熔透程度 | 深 | 较小 | 较小 | 较小 | 较浅 |
| 焊缝宽度 | 正常 | 较大 | 最大 | 较大 | 较大 |
| 焊缝高度 | 正常 | 较低 | 较低 | 较低 | 较低 |
| 熔化率 | 高 | 较小 | 最小 | 不变 | 较小 |
| 飞溅程度 | 高 | 较小 | 最小 | 较大 | 较大 |

通过喷嘴形状控制气体的流出，也可以调节焊缝成形。采用直流正极性摆动电弧，利用保护气控制表面弯曲程度，取得了很好的效果。随着保护气流量的增加，焊缝表面弯曲量增大。

## 任务布置

撰写报告，写出 NG-GMAW 焊接方法的种类、优缺点、常见缺陷及防止措施。

可扫描二维码查看任务相关资源。

窄间隙 MIG 焊

## 项目总结

通过本项目学习，掌握了窄间隙焊接技术的原理、特点，典型技术及其在现代制造业中的应用。窄间隙焊接（Narrow Gap Welding，NGW）不仅可以大幅度地减少坡口截面积、大大减少焊缝金属的熔敷量，而且在不太大的焊接热输入下可以实现高效焊接，因而作为一种经济的、能够得到优良力学性能及变形小的优质焊接接头的焊接方法，被广泛应用于各种大型重要结构。

## 复习思考题

1. 窄间隙焊接有哪些优点与不足?
2. 窄间隙适合厚板焊接,在工业生产中主要应用在哪些方面?
3. 窄间隙埋弧焊的优势和局限性有哪些?
4. HST 窄间隙热丝 TIG 焊的原理是什么?
5. MC 窄间隙热丝 TIG 焊的原理是什么?
6. 窄间隙熔化极气体保护焊(NG-GMAW)的分类有哪些?

# 参考文献

[1] 刘凤尧. 不锈钢和钛合金活性剂焊接和熔深增加机理的研究[D]. 哈尔滨：哈尔滨工业大学，2003.

[2] 周万盛，姚君山. 铝及铝合金的焊接[M]. 北京：机械工业出版社，2006.

[3] 吕耀辉. 铝合金变极性穿孔型等离子弧焊接工艺的研究[D]. 北京：北京工业大学，2003.

[4] 张勤练. 柔性变极性等离子弧特性及铝合金横焊穿孔熔池行为[D]. 哈尔滨：哈尔滨工业大学，2015.

[5] 王惠钧. 图像传感变极性等离子弧焊焊缝稳定成形闭环控制[D]. 哈尔滨：哈尔滨工业大学，1998.

[6] CARRY H B，HELZER S C. 现代焊接技术[M]. 6版. 陈茂爱，等译. 北京：化学工业出版社，2010.

[7] 中国机械工程学会焊接学会. 焊接手册：第1卷 焊接方法及设备[M]. 3版. 北京：机械工业出版社，2008.

[8] 吴飞虎. 钛合金A-TIG焊活性剂的研制[D]. 兰州：兰州理工大学，2011.

[9] 袁政伟. 不锈钢A-TIG焊应用工艺试验研究[D]. 兰州：兰州理工大学，2014.

[10] 赵博. 窄间隙MAG焊电弧行为研究[D]. 哈尔滨：哈尔滨工业大学，2009.

[11] 张良峰. 双丝窄间隙GMAW设备及工艺研究[D]. 哈尔滨：哈尔滨工业大学，2007.

[12] 郭宁. 旋转电弧窄间隙横向焊接熔池行为与控制研究[D]. 哈尔滨：哈尔滨工业大学，2009.

[13] 余刚. 窄间隙TIG焊枪设计研究[D]. 上海：上海交通大学，2011.

[14] 邰磊. 厚板窄间隙激光-MIG复合焊接头的研制[D]. 哈尔滨：哈尔滨工业大学，2014.

[15] 刘越. 窄间隙埋弧焊工艺参数的研究[D]. 沈阳：沈阳大学，2012.

[16] 张威. 双丝窄间隙GMAW熔滴过渡及立焊工艺研究[D]. 哈尔滨：哈尔滨工业大学，2013.

[17] 何伟. 窄间隙GMAW电弧形态和熔滴过渡行为的研究[D]. 兰州：兰州理工大学，2014.

[18] 陈英，许威，马洪伟，等. 水下焊接技术研究现状和发展趋势[J]. 焊管，2014（5）：29-34.

[19] 周利，刘一搏，郭宁，等. 水下焊接技术的研究发展现状[J]. 电焊机，2012，42（11）：6-10.

[20] 张洪涛,钟诗胜,冯吉才. 水下焊接技术现状及发展[J]. 焊接,2011(10):18-22,27.

[21] 朱加雷,焦向东,蒋力培,等. 水下焊接技术的研究与应用现状[J]. 焊接技术,2009,38(8):4-7.

[22] STEPHEN EGERLAND,黄兴,杨修荣. CMT工艺与$CO_2$气体的完美组合[J]. 现代制造,2009(1):44,46-47.

[23] 朱加雷,焦向东,周灿丰,等. 304不锈钢局部干法自动水下焊接[J]. 焊接学报,2009,30(1):29-32.

[24] 杨修荣. 超薄板的MIG/MAG焊——CMT冷金属过渡技术[J]. 电焊机,2006,36(6):5-7.

[25] 杨修荣. 超薄板的CMT冷金属过渡技术[J]. 焊接,2005(12):52-54.

[26] 刘桑,钟继光,张彤,等. 药芯焊丝水下焊接方法的研究[J]. 南昌大学学报(工科版),2000(2):11-15.

[27] 王国荣,易耀勇,刘世明,等. 水下局部干法药皮焊条焊接的研究[J]. 华南理工大学学报(自然科学版),1995(2):34-40.

[28] 杨春利,林三宝. 电弧焊基础[M]. 2版. 哈尔滨:哈尔滨工业大学出版社,2010.

[29] 林三宝,范成磊,杨春利. 高效焊接方法[M]. 北京:机械工业出版社,2011.

[30] 王宗杰. 熔焊方法及设备[M]. 2版. 北京:机械工业出版社,2016.

[31] 高洪宇. 水下焊接送丝机的研制及水下焊接工艺实验研究[D]. 哈尔滨:哈尔滨工业大学,2011.

[32] 吴志伟. Cr12MoV/40Cr电致超塑性焊接工艺优化及接头组织与性能研究[D]. 洛阳:河南科技大学,2011.